KB004839

여행의 순간

# 여행의 순간

### 느린 걸음으로 나선 먼 산책

윤경희 지음

T 도쿄    L 런던    B 브라이튼    P 파리    N 니스    N 뉴욕    B 방콕

앨리스

# 도시의 모퉁이, 벤치에 앉아서

여행을 처음 시작했을 때에는 이렇게 해마다 가방을 꾸리게 될 줄은 몰랐다. 처음엔 누구나 그렇듯 휴식 삼아 떠났을 뿐이었다. 횟수를 거듭하면서 취향에 따라 움직이게 되고, 디자이너로서 신선한 시각적 경험을 해야 한다는 의무감 비슷한 것이 생기기도 했다. 지나치게 부지런히 걷고 뛰며 숙제 하듯이 일정을 빽빽하게 채우기도 했다. 그럴 필요가 없다는 걸 알게 된 건 꽤 시간이 흐른 뒤였다. 그 이후부터는 천천히 걸었다.

느릿느릿 도시를 통과하며, 사람들과 눈을 맞추고 가만히 앉아서 여행노트를 채워 넣기 시작했다.

이 책은 두서 없이 그린 나의 여행 지도이자, 기억 속에 점점이 박힌 여행의 순간들을 모아놓은 기록이다.

기억이란 모호한 등불 아래에서 사진들을 들여다보며 나를 이끌어준 건 어쩌면 '사람들이 사는 모습'인 것 같다는 생각을 했다.

뉴욕, 도쿄, 런던 혹은 파리나 방콕 등 어디에 가건 나는 사람들이 만들어놓은 도시의 풍경과 그들의 일상에 눈길을 빼앗겼다. 그것은 창턱에 올려놓은 작은 소품일 수도 있고, 소녀가 놀던 놀이터 혹은 길 가는 사람들 쉬어가라는 친절한 의자일 수도 있다. 그렇게 오래 간직하고 싶은 순간을 만나면 마음의 조리개를 활짝 열고, '찰칵' 하고 셔터를 누른다. 띄엄띄엄 기록된 순간들은 징검다리처럼 불완전한 기억의 틈새를 메워준다.

『여행의 순간』은 그렇게 수많은 사람들의 일상과 시간이 벼려놓은 도시의 모퉁이에 자리잡은 작은 벤치 같은 책이다.

내가 길어온 이야기 한 줄, 사진 한 장이 그 도시로 떠나고 싶다는 마음을 품게 해주면 좋겠다는 바람을 가져본다.

# 콘탁스 아리아와 함께 한 시간

"필름 카메라를 쓰시네요?"
내가 콘탁스 아리아를 들고 있는 걸 보면 사람들이 묻는다. 저 질문의 속뜻은 왜 디지털 카메라가 아니라 굳이 필름 카메라를 쓰냐는 의미에 가깝다. 물론 매번 필름을 갈아 끼우는 것도 번거롭고, 현상이며 인화며 유지비도 만만치 않은 게 사실이다. 필름의 질감이나 깊이가 더 좋다는 식의 뚜렷한 이유가 있는 것도 아니다. 그저 반했다는 모호한 말 외엔 표현할 길이 없다. 좀더 정확히 말하자면, 필름 카메라가 디지털 카메라보다 더 좋다기보다는 다만 콘탁스 아리아가 좋은 것뿐이다.
우연히 아리아로 찍은 사진을 보고 첫눈에 반해 무작정 남대문에 가서 이 카메라를 산 지 벌써 7년이 넘었다.

1998년에 출시된 콘탁스 아리아는 여성을 타깃으로 만들어서 무척이나 가볍고 손 안에 쏙 들어올 정도로 작다. 처음 셔터를 눌렀을 때 유난히 크고 명징하게 울리던 '찰칵' 소리는 여전히 잊을 수 없는 순간 중 하나이다. 아리아와 함께 하면서 비로소 사진 찍는 재미를 알게 되었고, 다양한 필름을 사용하기 시작했다.
사진은 찍는 순간의 날씨, 빛, 시간 등에 따라 늘 변한다. 필름도 마찬가지이다. 필름 또한 일종의 환경과 마찬가지라 그때그때 입자와 색감을 다르게 표현해주는 인자가 된다. 그런 시간이 쌓여가면서, 나만의 감 같은 게 생겼다고 믿는다. 그래서 여행을 떠날 때는 든든한 아리아를 꼭 챙겨 간다.

# 여행 + 친구

| | |
|---|---|
| 1 | 2 |
| 3 | 4 |

**1 나만을 위한 가이드 북**

여행을 가기 전, 인터넷이나 잡지, 여행서 등에서 모은 자료들을 프린트하거나 스크랩해서 온전히 나만을 위한 가이드 북을 만든다.

**2 아이팟**

지금은 골동품이 되어버린 아이팟 나노 3세대에 여행지와 어울릴 음악들을 선곡해서 담아간다. 도시를 기억하게 하는 것 중 음악 만한 것이 없다.

**3 여행노트**

공항에서 탑승시간을 기다리며, 비행기 안에서 도착을 기다리며, 차를 마시거나 식사를 할 때, 재미있는 것을 보았을 때 등등 생각은 수시로 떠오른다. 메모, 낙서, 영수증, 명함 등을 노트 한 권에 모두 정리해둔다.

**4 파우치와 여권 케이스**

여행 끝자락이 되면 가방은 쇼핑한 물건들로 어수선해지게 마련이다. 옷이나 필름 등을 따로따로 보관할 수 있는 파우치 몇 개를 챙겨가면 정리하기 편하다. 여권 케이스는 명함과 보딩 패스 등을 함께 보관할 때 편리하다.

# ▞Paris

## 파리와 니스 사이를 달리다

# ▞New York

## 천천히 흐르는 뉴욕의 시간

# ▞Bangkok

## 어쩌다 마주친 방콕

Tokyo

# 한갓진 그날의
# 도쿄 산책

# 도쿄의 아침

이른 새벽에 떠나는 비행기를 타고, 두 시간이 흐른 뒤 하네다 공항에 도착했다.
아침공기를 가르며 입국 심사를 하고, 재빨리 짐을 찾으러 달린다.
공항 정문을 나서기 전까지의 이런저런 과정과 기다림은
여행을 하면서 가장 두근거리면서 동시에 건너뛰고 싶은 순간이다.
시내로 향하는 리무진 버스에 올라타면서 비로소 습기 찬 낯선 공기를 깨닫는다.

도쿄의 아침이다.

버스 맨 앞자리에 앉아 창 밖으로 넓게 펼쳐지는 풍경을 바라본다.
장마철 드물게 햇빛이 비춘 이른 아침, 청소를 막 끝낸 거리가 갓 세수한 아이의 볼처럼
말갛게 반짝인다. 멀리 아파트 창가에선 짧은 햇살에 서둘러 내다 넌 듯한
이불과 옷가지, 알록달록한 양말이 펄럭인다. 아, 도쿄의 아침이다.

# 혼자, 어슬렁, 걷는다

오늘은 혼자 하라주쿠의 캣츠 스트리트부터 발길 닿는 대로
무작정 걸어보기로 했다. 걷다 보면 길은 어디로든 이어지니까.
목적 없는 산책의 무게는 제로에 가깝다. 무척이나 가볍다.
어쩌다 운 좋으면 주택가 골목에서 마음에 드는 카페나 잡화점을 만날 수도 있고
혹은 간직하고픈 풍경과 마주할 수도 있다.
캣츠 스트리트를 벗어나면 자그마한 단독주택들이 보이기 시작한다.
여행객은 좀처럼 보이지 않는 한적한 거리를 텅 빈 마음으로 걷는다.
정성스레 꾸며놓은 아담한 정원, 이제 막 널어놓은 듯 젖어 있는 빨래,
잘 정돈된 자전거길, 강아지와 산책하는 동네 아주머니,
누군가를 기다리며 벤치에 앉아 책을 읽고 있는 여자아이를 스쳐 지나며 혼자 걷는다.

얼마나 걸었을까. 슬슬 여기가 어디쯤인지 궁금해질 즈음,
이름도 모르는 길 위에 멈춰 선다. 여기저기 흩뿌려진 꽃잎들이 눈에 들어온다.
벚꽃의 계절도 아닌데, 소복하게 쌓인 연분홍 꽃잎들이 마치 눈처럼 아름답다.
멍하니 서 있는 나를 관찰하는 하얀 고양이 친구에게 손을 내밀자 휙 하니 사라져버린다.
아쉬움에 고개를 돌리자 길 건너편에 한번 들어가볼까 싶어지는 작은 잡화점이
눈에 들어온다. 작은 카페도 발길을 붙잡는다. 역시 도쿄에선
길을 잃을 수 없다. 코너를 돌 때마다 나타나는 이정표를 따라 걸으며,
나만의 산책지도를 새로 그리면 그뿐이다.

# 소박한 브런치

하라주쿠에서 갑자기 카메라가 고장이 났다. 여행은 이제 막 시작됐는데.
카메라를 고치기 위해 낯선 곳을 헤매다 보니 배가 고팠다.
그때 분필로 'Farmer's table'이라고 써놓은 작은 흑판이 보였다.
일단 들어가서 노란 볶음밥과 일본 특유의 진한 카레를 주문했다.
런치 타임보다 일찍 도착해서인지 손님은 나 혼자였다. 식사를 끝내고
호르륵 차를 마실 때쯤 여자아이들이 하나 둘 카페로 들어와
소박한 브런치를 즐기기 시작했다. 어수선한 심정으로 들어갔던
그날 이후 난 이곳에 첫눈에 반하고 말았다.
파머스 테이블에서의 가장 큰 즐거움은 평일 오전 창가에 앉아
브런치를 맛보는 것이다. 조금 이른 시간에 찾아가면 원하는 자리에 앉아
호젓한 여유를 누릴 수 있다. 카페 내부에 있는 계단을 올라가 2층 잡화 코너에서
컨트리 스타일의 소품을 구경하는 것도 좋지만, 나는 창가에 자리를 잡고 나무로
가득한 카페 앞마당을 바라보는 것이 좋다. 그렇게 앉아 있으면
일상의 고요함이 천천히 밀려오는 느낌이다. 여기 앉아 있는 순간은 온전히
나의 일상은 아니지만, 세상에서 홀로 떨어져 나와 가만히 시간 흘러가는 것을
세는 건 평화롭기 그지없다.

파머스 테이블 http://www.farmerstable.com

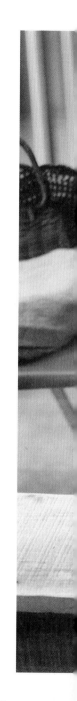

# 여행 취향

나와 당신의 취향이 다르듯이, 취향은 세상 사람들만큼이나 다양하다. 재미
있는 것은 취향이 다르거나 비슷하거나 어쨌든 우리는 친구가 될 수 있다는
것이다. 물론 여행을 떠날 때는 역시 비슷한 파트너를 만나는 것이 좀더 즐겁
다. 다행히 내게는 '여행 취향'이 비슷한 친구가 하나 있다.
우리는 함께 비행기를 타고, 같은 도시로 떠나 각자의 일정을 즐기고 저녁에
만나 식사를 하며 하루 종일 뭘 했는지, 어딜 갔는지, 무엇을 보았는지 이야
기를 나눈다. 같은 호텔에 묵고 아침식사도 함께 하지만, 관심사가 다르고 둘
다 혼자 돌아다니는 것을 즐기는 편이라 낮 시간에는 미련 없이 따로 움직이
는 것이다. 다르면서도 비슷한 취향 때문에 가능한 여행 방식이리라.
도쿄의 지유가오카는 내가 좋아하는 동네 중 하나다. 별다른 사정이 없으면 도
쿄에 갈 때마다 한 번씩은 꼭 찾는다. 이 동네를 걸으며 스쳐 지나가는 모든 것
이 내 감각을 자극한다. 이런 곳에 갈 때는 혼자인 것이 좋다. 내 취향을 동행
에게 강요할 필요도 없고, 그들이 어떻게 느끼는지 궁금해 할 필요도 없는 순
간, 원하던 것을 발견하고 홀로 웃으며 단순한 기쁨을 누릴 수 있으니 말이다.

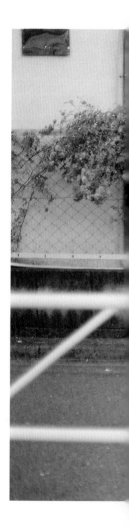

# 소녀가 놀던 놀이터

지유가오카의 주택가와 상점 사이에는 무심코 지나치게 되는 작은 놀이터가 하나 있다. 오가닉 푸드로 유명한 '아엔Aen'에 점심 예약을 하고 30분 정도 시간이 남던 날, 늘 스쳐 지나가기만 했던 그 놀이터로 놀러 가기로 했다. 푸르른 잎이 무성한 키 큰 나무들, 오래된 벤치, 살짝 섭섭할 정도로 듬성듬성 놓인 놀이기구, 그 사이를 누비는 아이들로 가득한 놀이터. 말이 통하지 않는 낯선 도시에 와서 익숙한 풍경을 보면 마음이 놓인다. 이곳에서도 역시 놀이터의 주인공은 아이들이다. 벤치에 앉아 다리를 달랑거

리며 간식을 나눠먹거나, 흘러 넘치는 기운을 여기저기 발산하며 뛰어 놀거나, 소리를 지르거나, 아이들 노는 모습은 다르면서도 한결같다. 아이들을 데리고 나왔다가 담소를 나누는 엄마들을 한참 바라보다가 나는 오빠와 손을 잡고 배드민턴을 치러 나온 작은 여자아이에게 다가갔다. 분홍색 배드민턴 채를 들고 있던 그 아이가 너무 사랑스러워서 사진을 찍어도 되겠냐고 묻자, 잠시 머뭇거리던 아이는 한쪽 머리칼을 귀 뒤로 쓸어 넘기고 한 손은 허리에 올린 채 맑게도 웃어주었다. 겁을 내거나 골을 내면 어쩌지 하고 잠시 걱정했던 나 역시 아이를 따라 웃고 말았다.

순하게 마음이 녹는다

에비스에서 잠시 쉬고 싶어 적당한 카페를 찾고 있었다. 무척 피곤했지만,
어쩐지 내키지 않는 곳뿐이라 하염없이 걷다 보니, 역 주변까지 와버리고 말았다.
다리는 모래 주머니라도 매단 듯 무겁고, 허탈함과 낭패감이 뒤섞인 상태로 주위를
둘러보다가 눈 밝은 이들이나 알아볼 법한 작은 카페 '호코HOCO'를 발견했다.
6개의 테이블이 전부일 정도로 작지만, 입구부터 집기, 소품들 모두 요란함 없이
담백한 정성이 깃든 곳이었다.
카페 가운데를 차지한 큰 테이블에 앉은 내게 얼음물을 갖다 준
젊은 여자가 말을 걸어왔다. 조용히 쉬고 싶어서 들어왔다고 하자,
그는 내게 호코에 대한 이야기를 들려주기 시작했다.
좋은 재료를 구해, 매일 조금씩 쿠키와 빵을 구워 차와 함께 내놓고 있다고.
메뉴도 계절이나 재료 수급 상황을 고려해 거의 매달 바뀐다.
디저트 세트를 주문하자, 고소한 스콘과 크림, 꿀, 팥, 푸딩, 잼이 담긴
민무늬 접시를 내왔다. 향이 신선한 차 한 잔, 기교 없이 정직한 솜씨로 만든
스콘 한 조각은 지친 나를 순하고 따뜻하게 녹여주었다.

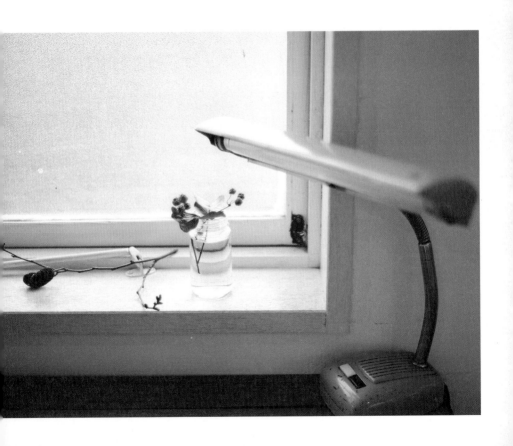

마음이 입 안의 순부두처럼 몽글몽글 퍼지는 느낌.
하루의 중간휴식 혹은 하루 일과를 마치고 쿠키 한 조각과 차와 함께 하는
소소한 즐거움을 맛보기엔 더할 나위 없이 훌륭한 곳이다.
메뉴판을 보며 이것저것 물어보자 최선을 다해 설명을 해주고
차가 떨어질 즈음에 리필을 권유하는 몸에 배인 자연스런 친절함도 좋다.
자랑하듯 꼭 가보라고 소개해주고 싶으면서도 왠지 혼자 간직하고
싶은 마음이 더 큰 것은 당연한 일일지도.
카페 호코 http://www.hocoweb.com

**스콘**
특유의 향과 담백한 식감이 일품인 호코의 스콘.
크림이나 잼을 곁들이면 한끼 식사로도 충분하다.

**비스코티**
플레인과 녹차 두 종류가 있으며 씹을 때마다
입안 가득 고소함과 녹차 향이 퍼진다.

**카페 호코의 디저트 세트**

로망, 키친

함께 여행 중이던 친구가 아침식사를 척척 만들어주어서 맛있게 먹었던 다음 날.
이번에는 내가 해보겠다며 아침부터 주방에서 부산을 떨던 나를 지켜보며
친구는 이런 말을 했다. "넌 부엌과 정말 거리가 멀구나."
그만큼 나는 손도 느리고, 부엌일은 이것도 저것도 능숙하게 할 줄 아는 게 없다.

오히려 그래서 언젠가는 마음에 드는 부엌을 갖고 싶다는
로망을 갖게 된 것인지도 모르겠다. 잡지를 보다가도, 인터넷 서핑을 하다가도
마음에 드는 부엌을 발견하면 스크랩을 하는 건 내 오랜 버릇이다.
여행을 다니면서 각종 잡화점을 쉽게 지나치지 못하는 것도 이상적인 부엌을
꿈꾸는 이 로망 탓이다. 아기자기한 그릇과 마음에 드는 주방소품을
발견하면, 가방에 넣을 공간이 없다는 것을 알면서도 사고야 만다.
그렇게 하나 둘 모아놓은 그릇들과 이런저런 주방용 물건은 어쩌면 내 여행의 기록
그 자체라고 할 수도 있다. 그릇이나 접시, 컵 등을 보면서
여행을 추억하는 셈이다.

또 하나, 여행지에서 카페나 식당에 들를 때마다 주방 사진을 찍는 것도
빼놓을 수 없는 습관 중 하나다. 카페들이 비슷한 듯해도
저마다 분위기가 다른 것처럼, 주방도 백이면 백 자기만의 색깔이 있기 때문이다.
다이칸야마의 유명한 와플 카페 '와플스Waffles' 는 안으로 들어서면
바로 오픈형 주방이 보인다. 2층 가정집을 개조한 곳이라 카페보다는
가정집의 다이닝 룸 형태를 유지한 것이 특징이다. 일자형 주방 너머로 보이는
흰색 타일 벽과 수납장 대신 선반을 설치해 실제보다 넓어 보이는 것이
마음에 든다. 시모기타자와에 있는 '와플 카페 오렌지Waffle café orange' 도
다이칸야마의 와플스와 비슷한 스타일이지만 미묘하게 다르다.
'미스터 프렌들리 데일리 스토어MR.FRIENDLY DAILY STORE' 의 키친은
아기자기함의 진수를 보여준다. 간단한 음료와 핫케이크를 즐길 수 있는
가게 안의 작은 카페 주방은 미스터 프렌들리의 제품들과 각종 간식거리들로
꾸며놓아 귀여운 공간을 좋아하는 이들이라면 반할 듯하다.
그랑벨 호텔 1층에 위치한 '플레이트 오브 파이. 팝PLATE OF PIE.POP' 은
24시간 운영하는 카페 겸 바bar인데, U자 형 오픈 키친이 근사하다.
덕분에 도쿄에 가면 늘 꿈꾸던 부엌의 형태가 바뀐다.

| 1 | 2 | 3 |
|---|---|---|
| 4 | 5 | 6 |
|   | 7 | 8 |

1·2·3 다이칸야마의 유명한 와플 카페 와플스

4 미스터 프렌들리 데일리 스토어

5·6 와플 카페 오렌지

7·8 플레이트 오브 파이. 팝

# 잡화의 기쁨

내추럴 스타일에 부쩍 관심이 많아져 가구점과 잡화점이 많기로 소문난 메구로 거리를 둘러보기로 했다. 관광명소로 알려진 곳은 아니지만, 디자인과 인테리어에 관심이 있는 사람들이 즐겨 찾는 메구로 거리는 무척 작은 곳부터 규모가 큰 곳까지 다양한 개성의 상점 60여 개가 모여 있으며, 공동으로 커뮤니티 사이트 misc.co.jp/index.php 를 만들어 교류도 하는 흥미로운 동네다.

JR 메구로 역에서 '오카야마-쇼가코Ookayama-Shogakko' 방면으로 가는 버스를 타고 우체국에서 내려 맞은 편 '클라스카CLASKA' 호텔 1층 카페에서 숨을 돌린 후, 카페에 비치되어 있는 책들을 슬렁슬렁 훑어본 다음 산책에 나서는 것도 좋다. 만약 클라스카 호텔을 숙소로 잡았다면, 호텔에서 빌려주는 자전거를 타고 돌아다니는 것이 가장 편하다. 큰 대로변을 따라 메구로 역 쪽으로 내려가다 보면, 왼쪽에 '라 에피스La Epice', '마이스터Meister', '브런치Brunch', 반대편에 '샹브르 드 님Chambre de Nîmes' 등이 보인다. 그 중에서도 특히 '홈스테드Homestead', '클라시키스CLASSIKY'S' 등에서 나오는 법랑 제품들과 군더더기 없이 심플하고 단정한 가구들이 가득한 샵 브런치는 내게 보물창고 같은 곳이다.

한참 동안 가게 구석구석을 살피는 재미에 푹 빠져 있다가 창문 너머로 자전거를 타고 산책 중인 소년과 눈이 마주쳤다. 자전거 바구니엔 어디선가 산 소품이 담겨 있었다. 거리의 특가상품 매대 앞에서 뭘 고를지 골똘히 집중하고 있는 소녀에게도 시선이 갔다. 소년의 책상에, 소녀의 선반에 어떤 물건들이 자리를 잡을지 문득 궁금해졌다. 생활을 가꾸는 소박한 정성에 눈을 뜨게 해주는 것, 잡화 즉 일상을 채우는 잡다하고 수많은 물건들이 주는 기쁨이란 이런 것이 아닐까.

취향에 맞는 물건을 찾아 헤매다가 마침내 이거다 싶은 것을 만났을 때의 상쾌한 느낌, 둘 중 뭔가 하나를 선택해야 할 때 맛보는 즐거운 망설임. 어쩐지 기분 좋은 오후의 쇼핑을 끝내고 피곤해질 즈음엔 커피 맛이 훌륭한 근처의 카페 '한나Hannah'로 가면 된다.

이곳에서 잠시 숨을 고르고, 여유가 좀 생기면 브런치 앞에 있는 버스정류장에서 시부야행 버스를 타고 에비스까지 가는 것도 좋다.

에비스 거리에도 작은 샵과 카페가 옹기종기 모여 있는데, 사실 그것보다는 메구로에서 에비스까지 가는 버스 차창 밖의 풍경이 마음을 빼앗는다. 지나는 길목에 있는 패브릭 전문점 '체크 앤 스트라이프check and stripe'와 잡화점 '샹파뉴champagne'의 정확한 위치를 확인할 수 있다는 건 짧은 버스 여행이 주는 덤이다.

# 시모기타자와는 빈티지

시부야에서 키치조지로 가기 위해 게이오 이노카시라센을 타고 가던 도중,
불쑥 시모기타자와 역에서 내리고 싶어졌다. 무작정 전철에서 내려 역을 빠져 나와 걸었다.
채 몇 걸음 내딛기도 전에 카메라를 꺼내고 싶은 거리가 나타나기 시작했다.
눈을 깜빡일 때마다 찰각 찰각 셔터를 누르고 싶어지는 동네다.
도쿄의 젊은이들이 많이 찾는다는 기찻길 옆 작은 동네 시모기타자와의
주말 이른 오후, 역시 삼삼오오 무리 지어 식사를 하거나 카페에서 수다를 떠는 사람들이 많다.
유난히 구제 가게와 골동품 가게가 많기도 하지만, 좁다란 길, 납작해서 다정해 보이는 집들, 허름한
미닫이문 사이로 보이는 60~70년대 살림살이, 낡은 목마, 낮은 협탁과 아이들 의자 등
오래오래 간직해온 것들이 무심히 줄지어 있는 동네를 걸으며 일상에도 빈티지를 새기는 것이
가능하다는 생각을 했다. 긴 세월 내가 사는 집, 내가 걷는 길, 내가 쓰는 물건을 아끼며 검박하게
살아온 이 동네 사람들의 시간의 결을 고스란히 들춰보는 느낌은 감동적이었다.

# 비 오는 날의 키치조지

아침에 눈을 뜨자 빗소리가 들렸다. 오늘은 키치조지다. 영화 〈하나와 앨리스〉의 촬영지 '뉴스 델리news deli', 델리 스파이스의 노랫말 '키치조지의 검은 고양이', 그리고 고양이 구구와 사람들이 한가로운 오후를 즐기던 숲〈구구는 고양이다〉으로만 기억하던 그 동네는, 그날 이후 부슬부슬 비 내리는 골목을 걸을 때마다 떠오르는 이름이 되었다.

나는 늘 비가 오는 날에 외출하면 금방 집에 돌아가고 싶어진다. 집에 있는 내 자리에 누워, 창 밖에서 후드득 떨어지는 빗방울을 마음 속으로 긋고 싶다. 그런데 키치조지는 유일하게 비 오는 날에도 계속 돌아다니고 싶은 동네였다.

이 마을 공원의 울창하고 때론 비밀스러운 숲과 예스럽고 단정한 골목길이 촉촉하게 젖어 있을 때, 투명한 비닐우산에 방울방울 맺혀 있는 빗방울 너머로 그 세상을 바라볼 때, 이 장면은 영원히 기억할 것 같다는 생각을 했다.

신주쿠에서 소부센 쾌속을 타고 20분쯤 지나면, 키치조지 역에 도착한다. 우선 역 주변의 번잡한 거리를 재빨리 지나쳐 사방으로 뻗어 있는 골목길 중 아무 데나 따라 걷다 보면 어김없이 가정집 사이로 작은 인테리어 샵, 디자인 상품 샵 등이 눈에 들어온다. 지유가오카나 메구로는 '상가'라는 느낌이 확실히 있지만, 이곳은 전혀 그런 인상이 없다. 낡아서 거의 허물어져 가는 건물 2층에 조용히 자리잡은 빈티지 샵, 오가닉 푸드를 대접하는 3층의 카페, 이런 데 있으면 사람들이 찾아낼 수 있을까 싶은 곳에 숨어 있는 작은 가게, 생활잡화로 가득한 백화점 지하 매장, 공원과 호수를 누비다 보면 욕심 없어서 아름다워 보이는, 이 동네 사람들의 일상에 잠시 환상을 품게 된다. 어쩐지 안온하고 고요할 것 같다. 키치조지에 사는 사람들의 속내를 알 순 없지만, 그들이 열심히 가꾸는 생활의 곁을 산책하면서 나는 짧은 행복을 맛보았다.

## 따끈한 나카메구로 산보

나카메구로 역은 크진 않지만 주변은 무척 번잡하다.
하지만 고만고만한 상점들과 복잡한 광고판들로
가득한 대로를 뒤로 하고, 메구로 강 쪽으로 가면
채널 바뀌듯 순식간에 풍경이 변한다.
넓지도 좁지도 않은 메구로 강 양 옆에는 수령이
족히 수십 년은 됐을 벚나무들이 도열하고 있다.
봄이 되면 온 사방이 흩날리는 꽃잎만큼이나
많은 사람들로 넘쳐나지만,
꿈처럼 아름답고 혼잡한 그 시기를 제외하면 주민들만
지나다닐 뿐 여느 조용한 주택가와 별다를 게 없다.
도쿄에 넘쳐나는 미술관, 백화점,
활기 넘치는 도심을 좋아하는 이들에겐
그다지 뚜렷한 매력이 있는 곳은 아니지만,
그리고 풍경 외엔 딱히 즐길 거리도 없지만,
한적한 시간을 보내기에 메구로 강변보다 적당한 곳은 드물다.
강변을 따라 걷다가 빵집 '오파토카'에 들러서 빵을 하나 사고,
카우북스 옆집 옷 가게 앞에 있는 벤치에 앉아서 음악을 듣다가,
카우북스에 들어가 헌책들을 보면서
오후를 둥둥 흘려 보내면 혼잣말이 절로 나온다.
'아, 이젠 집으로 돌아갈까.'
나카메구로 산보를 하고 나면 마음의 온도가 한 뼘은 올라간다.
마음이 계란빵처럼 부드럽고 따끈따끈해진다.

# 도쿄 하루 메모

**10:00 am–01:00 pm**

일찌감치 숙소를 나서 시부야 버스 역으로 향했다. 덴엔초후로 향하는
버스를 타고 30분 정도 흐르자 잘 다듬어진 깨끗한 거리와
고급스런 주택가가 보이기 시작한다. 동네 전체가 잘 가꿔진 거대한 정원 같고,
지하철 역도 테마 파크의 모형건물처럼 단정하다. 무엇보다 가장 먼저
날 반기는 것은 막 돋아난 상추의 속잎처럼 파릇하고 싱싱한 공기다.
시부야의 무겁고 탁한 공기와 사뭇 달라서 우선 깊숙이 숨을 들이마시고
한 걸음 앞으로 나선다. 거리는 내 발걸음 소리가 미안할 정도로 고요하다.
소음이 없으니까 소리의 밀도가 한층 두텁다. 새 소리, 대문 여는 소리,
타닥타닥 부드럽게 스타카토로 끊어지는 고양이 발걸음 소리,
보슬보슬 음이 소거된 채 내리는 가는 빗줄기.
우산을 펼치면 이 농밀한 순간이 깨질 것 같아서 그냥 걸었다.
비 사이로 빵 굽는 향이 낸 길을 따라 걷다가 줄을 서 있는 사람들 뒤로 가
함께 갓 구운 빵을 기다렸다. 차양 너머로 집과 사람들 모두
나무와 숲 사이로 몸을 감추고 있는 덴엔초후를 한참 바라보았다.

01:00 pm–04:00 pm

여자들을 위한 거리 지유가오카는
도쿄에 올 때면 꼭 들를 만큼 좋아하는 동네다.
역 주변의 작은 백화점 타입의 상가부터 앙미츠와 녹차를 맛볼 수 있는 찻집
고소안의 앞마당 등 맘 편히 즐길 수 있는 곳이 많지만,
나는 주로 인테리어 소품 샵들을 둘러보는 것을 가장 좋아한다.
꼭 물건을 사지 않아도, 상점들을 오가며 취향의 드넓은 일람표를
하나하나 체크하다 보면 덩달아 안목과 눈높이가 확장되는 걸 느낀다.
일본 특유의 내추럴 스타일의 소품부터 가구를
다양하게 갖추고 있는 '모모 내추럴Momo-Natural',
아기자기한 소품과 가방을 구할 수 있는 '에인 샵EIN SHOP',
디자이너 문구부터 인테리어 소품, 패브릭 제품이 가득한 '시보네CiBONE',
프랑스 출신 아티스트들의 작품을 편하게 즐길 수 있는
작은 갤러리 같은 공간 '두 디망시doux dimanche' 등은
언제 가도 빼놓지 않고 꼭 들르게 된다.

everything for the freedom.
COW BOOKS

04:00 pm–06:00 pm

간단하게 늦은 점심을 먹은 후, 메구로 강가에 있는 서점 '카우북스COWBOOKS'에
잠시 들렀다. 책장에 가지런히 꽂힌, 낡아서 바스라질 것 같은 오래된 책에선
젖은 낙엽 냄새가 난다. 헌 책으로 그득한 카우북스에 멍하니 앉아 있자니,
불 붙은 젖은 낙엽이 떠올랐다. 젖은 낙엽을 태우면 연기만 자욱할 뿐
불은 잘 안 붙는다. 물기 어린 연기 냄새를 느끼며 다리의 피로도 풀 겸
잠시 책을 보기로 했다. 일본 책 외에 여러 나라의 책들을 다양하게 갖추고 있어서
평소에 보기 힘든 독특한 책이 많다. 대부분 무슨 뜻인지 알아보기는 힘들지만
그래픽이 아름다운 작은 책 한 권을 샀다. 카우북스를 나서면서 나카메구로에서
다이칸야마는 금방이라는 친구의 말이 생각이 나서 걷기 시작했다.
친구는 나와 반대 방향이었나 보다. 다이칸야마에서 나카메구로로 올 때는
내리막길이라 성큼성큼 걸음에 리듬에 붙어 가까웠을지 몰라도,
이쪽에서는 모두 오르막길이다. 이런, 이건 산책이 아니라 운동이다.

**06:00 pm-08:00 pm**

다이칸야마 거리 한 켠에는 어쩐지 동네 분위기와
동떨어진 빨간 벽돌의 우체국 건물이 있다.
우체국을 지나 2층으로 올라가면
주먹밥으로 유명한 '오니기리 덴덴おにぎり田田'이 나타난다.
테이블 3개와 주방을 마주한 바가 전부인 작은 공간이지만,
유기농 재료로 즉석에서 만들어주는 주먹밥은 그야말로 일품이다.
김은 고소하고, 밥은 찰지고, 이런저런 속재료는 깔끔한 맛을 낸다.
창가 자리가 만원이라도 아쉬워 할 필요가 없다.
바에 앉으면 능숙하게 주먹밥을 만드는 모습을 볼 수 있으니까 말이다.

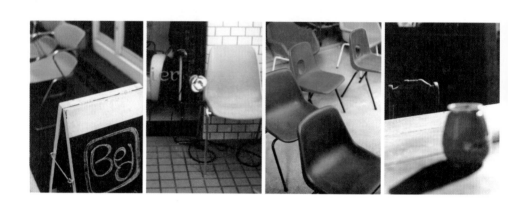

# 친절한 의자

아무리 쉬엄쉬엄 다닌다 해도 평소 대부분의 시간을 사무실에서 앉아 보내던 도시 직장인에게 여행은 본인 체력의 진실한 현주소를 확인시켜준다.

특히, 종일 돌아다니며 걷게 되는 도시 여행은 이튿날 아침이면 어김없이 퉁퉁 부은 다리와 마주하게 한다. 고작, 하루 이틀 걷고선 쉬고 싶다는 생각을 하게 되다니, 난 감한 일이다. 먼 이국에 와서 호텔방에서 빈둥거릴 순 없는 노릇이니 어쨌든 행장을

꾸려 어딘가로 향한다. 도쿄는 걷기 좋은 도시라 몸 상태를 무시하고 여기저기 누비게 되는데 피로가 쌓이면 중간중간 휴식이 절실할 때가 많다. 그럴 때면 자연히 앉을 곳을 찾게 되는데, 반갑게도 도쿄의 골목에는 친절한 의자들이 곳곳에 놓여 있다. 모양도 색도 제각기 다른 수많은 의자들엔 보이지 않아도 이렇게 써 있다.

'누구든 쉬어 가세요.'

## 나와 친구할래요?

다이칸야마 역에서 북쪽 출구로 나와 철길을 지나면, 오랜 친구가 변함없이
나를 반겨준다. 주인장은 나를 모르지만 내 마음 속에선 이미 십년지기 친구 같은 카페
'미스터 프렌들리 데일리 스토어MR.FRIENDLY DAILY STORE'. 손글씨 메뉴판은
나에게 보내는 쪽지 같고, 가게 앞에 세워놓은 스쿠터는 잠깐 빌려 탈 수도 있을 것 같고,
우울한 날에는 날 위한 핫케이크를 먹으며 위로 받을 수 있을 것 같다.
물론 이곳 주인장은 눈이 마주치면 미소만 보낼 뿐 나를 모른다. 하지만 친구를 위해 산
작은 선물을 오랜 시간 정성들여 포장해주던 그는 이미 내 마음 속에선 친구다.
나와 당신, 모두 행복해지자, 이렇게 말하며 웃고 싶은 곳.

미스터 프렌들리 데일리 스토어 http://www.mrfriendly.co.jp

# 그녀의 재봉틀

내게는 재봉틀로 직접 가방이나 소품 등을 만드는 친구들이 여럿 있다. 머릿속 복잡함을 잠재워볼까
해서 손바느질로 작은 파우치, 노트 커버 등을 만들던 한 친구는 이젠 방 한 켠에 재봉틀을 마련해놓
고 커튼이나 이불 커버 만들기까지 도전하고 있다. 그 친구들 사이에선 늘 패브릭, 아름다운 천 이야
기가 화제의 중심이다. 덕분에 어딜 가건 독특한 패턴이나 찾기 힘든 컬러의 패브릭을 보면 나도 모
르게 걸음을 멈추게 된다. 도쿄에는 패브릭 전문샵이 많고, 서점에 가도 손으로 만드는 패브릭 소품
에 관한 책도 흔하게 찾아볼 수 있다. 그래서 내게 도쿄는 여자들의 로망에 다정하게 반응하는 도시
로 다가온다.

다이칸야마에서 우연히 찾은 여행 테마샵 '컨시어지CONCIERGE'에서 나는 친구들이 원하는 꿈의 풍경을 보았다. 수작업으로 제작한 여행가방, 프랑스에서 수입해온 앤티크 소품 등 평소라면 가장 먼저 내 시선을 끌었을 물건들 사이로 진짜 작업실을 보고 만 것이다. 그곳에는 쓸모를 상실하지 않은, 그 자체가 이미 장인이나 마찬가지인 낡은 재봉틀과 만드는 도중의 소품들이 흩어져 있었다. 세상 근심을 뒤로 하고 친구들과 둘러 앉아 드르륵드르륵 재봉틀을 돌리고, 바느질을 하고 싶은 공간에 잠시 머물며 세상에서 가장 선명한 꿈을 꾸었다.

컨시어지 http://www.concierge-net.com/grand/

# 도쿄, 가을인가요?

도쿄의 날씨는 런던만큼은 아니지만 적응 기간이 필요하다. 하루에도 몇 번씩 비가 오다 말다 하거나, 여름에는 습도가 너무 높아 몇 걸음 걷기만 해도 땀이 흐른다.
어제까진 여름이었는데 다음날 문득 가을이 되고, 가을이 된 듯 싶으면 해도 빨리 지고,
무심코 하늘을 바라보면 구름이 놀랍도록 빠른 속도로 흘러간다.
유난히 바쁜 일이 겹쳐서 여름 더위를 제대로 실감해보지도 못한 채
가을을 맞이했던 지난 해, 나는 급작스럽게 여행을 떠났다. 10월의 도쿄, 8일 간의 휴식.
이 두 가지 외엔 마음의 준비도, 제대로 된 행장도 없이 훌쩍 비행기에 올랐다.
도착한 도쿄는 마지막 더위가 한창이었다. 일주일 내내 비 한 번 내리지 않았고,
바람 한 줄기 스치지 않는 도쿄에서 나는 당황하고 말았다.
정지된 시간, 연장된 계절을 통과하면서 혼잣말을 할 수밖에 없었다.

도쿄, 가을 맞나요?

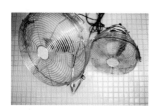

# 아침 산책

여행 중엔 늘 일찍 일어나게 된다. 잠자리 환경이 바뀐 탓도 있겠지만, 같은 소리라도 여행지에서 들려오는 창 밖의 소음은 한층 더 낯설기 때문이다. 이른 아침 눈을 뜨면 난 으레 뜨거운 물로 샤워를 하고 좁은 방을 벗어나 호텔 주변을 걷는다. 오늘은 호텔 앞에 있는 햄버거 가게 '프레시니스 버거'에서 커피를 마시리라는 생각으로 나섰는데, 너무 일찍 나온 건가. 오픈 전이란 표지판을 보고 돌아서는 발걸음이 무척이나 아쉽다.

인터넷을 통해 본 호텔의 시설이 마음에 들어 예약을 하긴 했지만 오크우드는 위치도, 교통도, 주변환경도 그다지 좋은 편은 아니다. 아침 산책을 나섰지만 딱히 갈 곳이 없어서 주변을 배회하다가 이럴 바엔 아예 호텔 구경이나 하자 싶어서 지하 1층부터 계

단산보를 시작했다. 우선 지하 라운지에 있는 컴퓨터를 통해 오늘 일정에 관한 정보를 찾은 다음, 지난 밤 우연히 참석했던 '한일중 교류파티'가 열린 32층의 라운지로 향했다. 시끌벅적하게 활기가 넘치던 어제와는 사뭇 다른 차분함이 마음에 들어 커피를 주문하고 천천히 주위를 둘러보았다.

가지런히 놓인 와인 글라스, 그랜드 피아노, 막 도착한 듯한 오늘 자 신문들, 하루를 준비하면서 들으면 좋을 조용한 음악. 완벽한 아침 풍경이다. 야외 테라스로 나가니 시원한 바람이 몰아친다. 높은 곳에 부는 바람은 세기가 다르다. 눈앞으로 자욱한 안개와 함께 길쭉한 빌딩들이 성큼 다가온다.

# 요코하마의 갈매기

시부야에서 도큐도요코센 특급을 타고 30-40분 정도 달려
도착한 요코하마는 왠지 어색하고 불편했다. 모토마치 거리,
차이나 타운, 빨간 벽돌창고를 쇼핑 센터와 갤러리로 사용하고
있는 아카렌가, 국제터미널 등 '관광명소' 등을 둘러보면서
사람들을 압도하려는 듯, 위압적인 인위성을 느꼈기 때문인지도
모르겠다. 활기찬 바닷가 도시를 떠올리며 찾은 요코하마에서
별다른 감흥을 느끼지 못한 채 떠날 뻔한 나를 돌려세운 건
작은 찻집 '하마 카페hama café'였다. 크고 웅장하고
정신 없는 도시 모퉁이에서 둥글게 어깨를 굽히는 키 작은 소녀를
만난 기분으로 카페의 문을 열었다. 벽에 세워진 책 표지 속 아이와
가장 먼저 눈인사를 나누고, 밥 짓고 반찬 만드는 소리로
달그락거리는 주방을 기웃거리며 구석에 자리를 잡고 앉았다.
많은 사람들이 다녀간 것 같았다. 손때 묻은 물건들을 바라보면서
담백하고 정성 어린 한끼 식사를 마쳤다. 여느 도쿄의 카페들처럼
독특하거나 아기자기한 맛 같은 건 없지만, 바다 근교라 그런지
쓸쓸한 운치가 제법 괜찮다. 도시도, 메뉴도, 분위기도 다르지만,
하마 카페에 앉아 밥을 먹고, 오가는 사람들을 보면서
오기가미 나오코의 영화 〈카모메 식당〉2006을 떠올렸다.
핀란드 헬싱키의 길모퉁이, 일본 여인 사치에가 카모메갈매기
식당을 연다. 주요 메뉴는 도톰한 주먹밥이다.
왜 하필 주먹밥일까? 사치에는 이렇게 말한다.
"주먹밥은 소울 푸드이기 때문이에요. 그리고 그건 자기가
만든 것보다 다른 사람이 만들어준 것이 훨씬 맛있거든요."
그나저나 헬싱키 사람들이 주먹밥을 좋아할까?
아니나 다를까 영화를 보면 초반에는 손님이 없어서 식당은
늘 조용하다. 하지만 후반으로 가면 손님이 하나 둘 모여들어
정답게 눈인사를 나누고, 식사를 즐기는 모습이 나온다.
지금의 내 모습도 카모메 식당을 찾던 사람들과 다를 바 없다.
끝이 좋아야 좋다는 셰익스피어의 농담이 아니더라도,
오늘 하루는 근사한 엔딩으로 초반의 지루함을 잊게 만든
영화 같다는 생각을 하며 도쿄로 돌아갈 채비를 시작했다.

하마 카페 http://www.u-earth.jp/hamacafe

# 길 위의 자전거

도쿄의 거리에서 가장 많이 볼 수 있는 '물건' 중 하나는 자전거다. 많기만 한 것이 아니라 스타일도 유별나다 싶을 정도로 다양하다. 다종다양한 자전거들을 스쳐 지나가며 눈에 들어오는 것들만 골라도 갖고 싶은 자전거 리스트는 끝없이 늘어만 간다. 도쿄를 여행할 때 가장 아쉬운 것 역시 자전거다. 걸을 일이 많다 보니 다리도 아프고 지하철을 타기엔 애매한 거리도 많아서 자전거 생각이 간절해지는 것이다. '띠링' 하고 벨 소리를 울리며 휙휙 달려가는 주부들, 학생들을 보면 그들과 나란히 자전거를 타고 싶어진다.

## 눈빛이 향하는 곳

사진을 찍을 때는 풍경을 한 컷에 모두 담는 것보단
내 눈에 들어오는 것들을 조각 내는 것이 좋다.
이런 식으로 풍경이나 사람을 분절, 확대, 축소하면
결과물을 예측할 수 없다는 점이 좋다.
내가 사용하는 아리아는 필름 카메라 특성상 바로 확인이
안 되니까 이 긴장과 기다림의 시간은 필름을
스캔하기 전까진 계속 이어진다.
옆의 사진들은 다이칸야마의 와플스에 처음 갔을 때,
카메라를 들고 가장 먼저 무의식적으로 찍은 것들이다.

천장에 매달린 선풍기 날개의 직선 세 개,
바로 아래 테이블 다리의 선 세 개.
커피와 와플을 기다리던 시간.

# 그녀에게 말을 걸다

롯폰기 힐즈의 츠타야 서점 앞에서 혼자 앉아 있던 날, 무료했던 나는 건너편 테이블에서 역시 혼자 잡지를 읽고 있던 그녀에게 무작정 말을 걸었다. "여기에서 신주쿠까지 가는 버스가 있나요?" 사실 친구가 도착하면 함께 호텔로 갈 예정이었지만, 왠지 그녀랑 이야기를 나누고 싶었다. 그녀의 친절한 대답에 용기를 얻어 마주 앉아 이름을 물었다. "난 기우치 미우." 도쿄에서 디자인 회사를 다니며 사진작업을 하고 있다는 미우와 더듬더듬 이야기를 나누면서 난 점점 그녀가 궁금해서 견딜 수가 없었다. 한 시간이 순식간에 흘러가고, 이대로 헤어지긴 아쉬워서 다시 만나기로 약속을 하고 자리에서 일어났다. 과연 또 만날 수 있을까 하는 생각도 잠시 했지만, 며칠 후 약속 장소에서

미우는 사전을 설치한 닌텐도를 들고 나를 기다리고 있었다. 눈빛과 몸짓, 문장이 아닌 단어로도 이렇게 즐거운 대화를 할 수 있다는 게 신기할 정도로 우리는 마음이 잘 맞았다.

요즘도 미우와 나는 종종 연락을 주고 받는다. 자전거로 출퇴근을 하기 시작했다는 시시콜콜한 일상부터 새로 발견한 갤러리 이야기까지 화제는 다양하다. 얼마 전 그녀는 내게 보내는 메일을 영어로 대신 써주는 남자친구와 곧 결혼을 한다는 소식을 전해왔다. 그녀의 결혼식은 어떤 모습일지 새삼 궁금해진다. 그날, 내가 도쿄에 없었다면, 그녀에게 말을 걸지 않았다면 이런 친구를 만날 수 없었겠지.

**도쿄의 친구, 기우치 미우의 가방 속 물건들**

맛도 디자인도 상큼한 탄산수 윌킨슨 진저 에일 병, 한창 수집 중인 프라이탁의 아이팟 케이스, 스테들러 STAEDTLER의 백조 모양 연필깎기, 아크릴릭의 반지, 어린 시절부터 늘 갖고다니는 프라모빌, '사벡스Savex' 립크 림, '프리트Pritt'의 한정상품 스틱풀, 아이팟 터치와 케이스, 디자인 행사에서 구입한 마그넷 머그 컵, 할머니의 반 짇고리 상자, 미우의 작품을 직접 프린트한 스니커즈

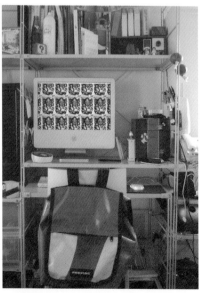

프라이탁 가방이 걸려 있는
미우의 작업실

© Miu Kiuchi http://www.k-house.tv/mius/

미우의 사진을 프린트한 물건들과 사진 작업

미우의 자전거(⇦)와 자전거 전문샵
사이클즈 요쿠 CYCLES YOKOO(⇨)
http://www.cycles-yokoo.co.jp/

# Letter from Tokyo

"요즘 나는 내가 찍은 사진을 스니커즈나 옷에 프린트를 해보는 것, 프라이탁FREITAG의 모든
제품 그리고 자전거에 푹 빠져 있어. 트럭이나 컨테이너를 덮을 때 사용하는 천막이나 비닐을
재활용해서 가방부터 아이팟, 에어북 케이스까지 다양한 제품을 만드는 프라이탁은 친환경 콘
셉트를 독특한 디자인으로 표현해서 볼 때마다 마음에 들어. 원단의 패턴이 워낙 다양해서 동
일한 디자인이 거의 없다는 것도 정말 좋아.

얼마 전부터는 자전거로 출퇴근을 하기 시작했어. 마크 샌들러 스트라이다를 하나 새로 장만하
면서 시모기타자와, 하라주쿠, 시부야의 '로프트loft'에 모여 있는 자전거 상점에 자주 들렀는데
우에노 역에서 자전거 전문샵 '사이클즈 요쿠CYCLES YOKOO'라는 곳을 발견했어. 언젠가는 너
도 꼭 한번 가보라고 권하고 싶을 정도로 마음에 드는 곳이야. 주로 경기용 자전거를 취급하는
곳이지만, 오래된 빈티지 가구 같은 이 가게만의 분위기가 마음을 따뜻하게 해주거든. 질서정
연하게 줄지어 있는 자전거들과 손때 묻은 각종 공구들 사이에 서 있으면 옛날로 돌아간 것 같

아, 다정하고 친절한 주인 할아버지와 이야기를 하는 것도 즐겁고. 가게의 2층은 자전거 박물관이라고 해도 좋을 정도로 다양한 자전거 관련 용품으로 가득한데, 정말이지 신기한 물건이 엄청나게 많아!

가끔 생각해보면 도쿄는 나 같은 디자이너에게는 정말 쓸모가 많은 도시야. 늘 어디에선가 디자인 관련 전시나 행사가 열리고, 구석구석 재미난 것들이 너무 많거든. TOKYO TDC<sup>www.tdc-tokyo.org</sup>와 긴자 그래픽 갤러리가 매년 주최하는 디자인 세미나 등에 참석하면 유명한 아티스트들의 강의를 듣고 디자이너들과 이야기도 나누고 작품을 공유할 수 있어. 너도 언젠가는 도쿄에서 지내보면 어떨까? 도쿄에 오게 되면 여기저기 소개해주고 싶은 곳이 많아. 다음에 올 때는 우선 '갤러리 하야토 뉴욕'에 꼭 같이 가보고 싶어. 헤어샵 내부와 계단실의 벽을 갤러리로 이용하고 전시는 스태프들이 기획을 하는 곳인데, 너라면 분명 좋아할 거야."

from 기우치 미우

Tokyo

# London

## 오래된 기억,
## 런던과 브라이튼

# 비와 함께 런던 걷기

런던에 도착한 날, 밤새 비가 내렸다.
이른 아침 산책을 하기 위해 거리로 나가니
온 세상이 물에 젖은 듯 축축하고 습한 공기가 밀려왔다.
비는 이제서야 막 그치려 하는 것 같았다.
길을 나설까 말까 고민하는 사이,
갑자기 따뜻한 빛이 길 위에 고인 물웅덩이에서 흔들리기 시작했다.
그 햇빛에 의지해 걷기 시작했지만, 빛은 또 순식간에 사라졌다.
런던의 날씨는 매양 이런 식이다.
비가 오나 싶으면 햇빛이 잠깐 나왔다 들어가버리고,
예고 없이 부슬부슬 비가 내린다.
여행자에겐 이래저래 불친절하기 그지 없는 날씨다.
비와 함께 런던을 걷는 동안,
잠깐 등장했다 사라지는 햇빛만이 유난히 따뜻했다.

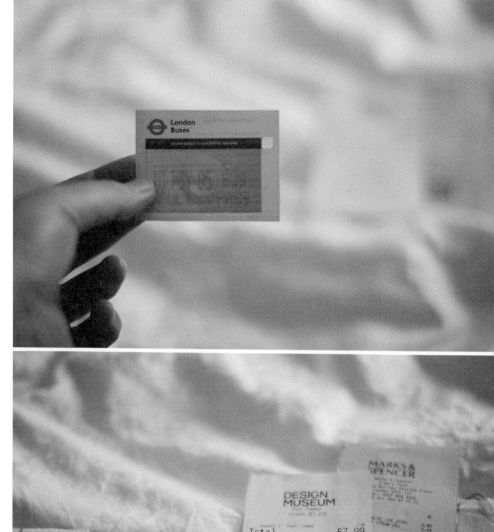

# 생활의 흔적

지하철 티켓, 시장, 편의점, 영수증, 쇼핑백, 버스, 택시 등등.
도시에서 생활하다 보면 늘 접할 수밖에 없고 무심하게 수용하는 것들이다.
내가 살고 있는 곳이 아니라 더욱 그럴 수도 있지만, 다른 도시로 여행을 가면
나는 유독 이런 것들이 눈에 먼저 들어온다.
런던은 특히 '생활 디자인'에 눈과 마음을 빼앗긴 첫 번째 도시였다.
언더그라운드 사인, 지하철 티켓, 디자인 뮤지엄에서 산 담요,
마켓에서 먹은 샌드위치 포장지, 노팅힐 초입에 있던 부티크에서 받은 영수증,
브라이튼행 기차표, 여기저기서 받은 쇼핑백 등은 도무지 버릴 수가 없다.
런던에서 가장 반짝거리는 곳도 유명한 미술관이나 갤러리보다는
사람들이 생활하는 바로 그곳, 시장과 공원이다.
그 반짝거림을 오래오래 간직해온 앤티크,
즉 할머니 할아버지에게서 물려받은 살림살이들 또한 생활 디자인의 백미다.
빈티지와 구제는 런던 사람들의 자연스런 생활의 흔적일 뿐
결코 특별한 게 아니었다.

# 노팅힐 구석구석

런던에서 보내는 첫날, 아침식사를 마친 후 노팅힐 근처의 포르토벨로 마켓에 가기로
했다. 노팅힐은 보나마나 사람으로 가득할 테니 가볍게 둘러볼 생각이었는데, 그만 오
후 내내 그곳에서 맴맴 돌고 말았다. 구석구석 들어서 있는 작은 상점들의 면면이 너
무 흥미로웠기 때문이다. 도시 여행의 묘미 중 하나는 그곳에 사는 사람들의 취향이
생활에 어떻게 반영되는지를 구경하는 것이다. 하물며 돌을 뒤집기만 하면 뭔가 나타
나는 손쉬운 보물찾기 놀이처럼 끊임없이 이어지는 독특한 상점들의 대행진은 놓치기
아까운 기회이다. 사람들이 많이 찾는 곳엔 가끔 정답이 있다.

# 런던의 물건들

런던의 물건들은 특별하다. 취향에 차별을 두지 않는다. 빈티지, 앤티크, 럭셔리, 트렌디 등 어지러운 단어들이 런던에선 사이 좋게 하나로 어울린다. 저마다 다른 취향을 섬세하게 끌어안아주는 이 도시에서 쇼핑은 가장 즐거운 도락 중 하나이다. 카나비 스트리트의 작고 아기자기한 상점들, 각종 빈티지 마켓, 재래시장, 리버티 백화점 등을 누비다 보면 누구라도 마음에 쏙 드는 물건 하나쯤은 만날 수 있을 것이다. 백화점이건 작은 상점이건 개성이 넘치는 런던의 윈도 디스플레이 역시 예술 작품이나 마찬가지이다. 세일 기간이 한정되어 있듯이, 정해진 기간 동안만 선을 보이고 시즌이 끝나면 사라지는 디스플레이는 그 유일성, 유한함 때문에 늘 카메라를 꺼내게 만든다.

# 쉬는 시간

시장을 누비고, 골목을 걷고, 강변을 산책하고, 공원에 들르고, 미술관을 둘러보았다.
런던에서의 며칠은 그렇게 지나갔다. 걷는 동안 커피 냄새, 베이컨 냄새,
감자튀김 냄새가 느껴지면 어디든 들어가서 쉬는 시간을 보냈다.
포르토벨로에선 카페 '프로그레소progreso'에, 내셔널 갤러리에서는 동쪽 날개에
자리잡은 카페에, 공원에서는 벤치에 빈둥거림을 남기고 왔다.
돌아보면 신기하고 멋진 풍경을 보았을 때보다,
내 마음대로 쉬는 시간을 가졌던 그 순간들이 가장 행복하지 않았나 싶다.

Poor countries lose around $100 billion a year because rich countries put up barriers which prevent them from making the most out of selling crops such as peanuts.

MAKE TRADE FAIR

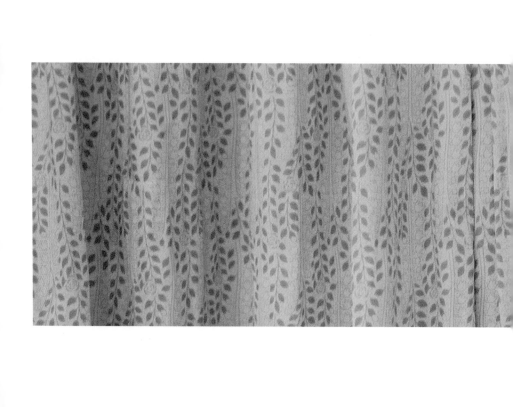

브라이튼Brighton

# 브라이트, 브라이튼

어디든 오래 멀리 여행을 떠나는 건 쉽지 않은 일이다. 그래서 유럽처럼 먼 곳으로 여행을 갈 때면 애지 중지 모아둔 휴가를 한꺼번에 쓰곤 한다. 다행히 여유가 있을 때에는 도시에서 도시로 이동을 하기도 한다. 런던에서 슬슬 피로를 느낄 무렵, 빅토리아 역에서 기차로 한 시간 거리에 있는 브라이튼을 찾았 다. 이 도시는 부산의 해운대만 똑 떼어놓은 것처럼 작은 해변을 끼고 있어 가볍게 바다를 보러 가기에 좋다.

아침 일찍 도착한 브라이튼은 짭짤한 바다 냄새와 부슬비가 뒤섞인 바람에 감싸여 있었다. 날씨와 시간 탓인지, 해변에도 놀이공원인 '브라이튼 피어brighton pier'에도 사람은 거의 보이지 않았다. 정지화면처럼 멈춰 선 회전목마 사이를 맴돌다가 버스를 타고 마을을 한 바퀴 돌아보기로 했다. 한 시간이면 마을 전체를 충분히 볼 수 있을 정도로 규모가 작지만, 런던 못지 않게 잘 가꿔놓은 브라이튼의 거리는 빗속에서도 은은히 빛이 났다.

## 차창 밖의 도시

지하철보다는 창 밖으로 거리의 풍경을 볼 수 있는 버스를 좋아한다.
특히 브라이튼처럼 작은 도시는 버스를 타고 돌아보는 게 좋다. 버스는 으레 큰길을 가로지르고,
간혹 주택가도 들르고, 다시 중심가로 돌아오기도 하는데 그 여정을 마칠 즈음이면
머릿속에 서서히 도시의 구조가 그려진다. 그러면 방향감각도 생기고, 내가 지금 어디쯤 서 있는지
짐작도 할 수 있게 된다. 진공 상태로 여행지에 점 하나 찍고 돌아오는 게 아니라,
나만의 경로를 그릴 수 있게 되는 건 무척이나 즐거운 일이다.

브라이튼 버스 1일 이용권
이 티켓만 있으면 브라이튼 곳곳을
버스로 둘러볼 수 있다.

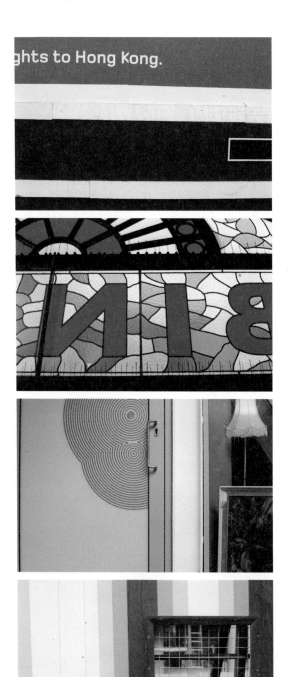

런던과 브라이튼의 벽은 한 편의 시와 같다.
색과 패턴이 적확한 운율에 맞춰 조화를
이루는 아름다운 정형시

# 런던의 친절한 지혜 씨

편집 디자인을 하다가 웹에 관심이 생길 무렵 처음 들어간 웹 에이전시에서 지혜를 만났다. 그녀는 보면 볼수록 친하게 지내고 싶고, 알고 싶은 그런 친구였다. 가까이 지내는 사이가 됐을 무렵, 지혜는 뉴욕으로 혼자 여행을 다녀오더니 갑자기 런던으로 훌쩍 떠나버렸다. 나는 그런 결정을 수선 떨지 않고, 당차고 신속하게 해치우는 그녀가 신기하고 부러웠다. 런던으로 떠나기 며칠 전 그녀 생각이 떠올라 연락을 했다. "지혜, 난 당신이 궁금해." "내가 아니라 런던이 궁금한 거겠지?" "당신도, 런던도 둘 다 알고 싶어." 몇 년 만에 만난 지혜는 공부를 마치고 그래픽 디자인 일을 하며 런던에 정착할 준비를 하는 중이었다. 오랜 시간 그곳에서 지낸, 게다가 친절한 그녀 덕분에 런던 여행은 여느 때보다 한층 편하고 즐거웠다. 런던 브리지London bridge 근처에 살고 있는 지혜는 주말이면 습관처럼 쇼디치Shoreditch와 브릭레인Bricklane에 간다. "런던은 출신도 인종도 저마다 다른 사람들이 한데 모여 있는 대도시라, 지역마다 분위기가 다르다"는 그녀의 말처럼 런던은 구석구석 같은 곳이 하나도 없다. 과연 오래된 도시로구나 싶으면 매끈한 첨단 도시 풍경이 나타나고, 낡은 것과 새로운 것이 재미있게 섞여 있다.

공연이나 미술 등에 관심이 많은 지혜는 1존에 속한 올드 스트리트Old St., 리버풀 스트리트Liverpool St., 캠든 타운Camden town, 그리고 런던 브리지 주변을 주로 많이 찾는다. 디자인 일을 하고 있는 그녀는 런던은 무한한 자극이자, 실험대이며, 좌절과 기쁨을 동시에 맛보게 해주는 곳이라는 말을 했다. 내게는 행복한 고민으로 들리는 말이다. 또 하나 런던에서 생활하는 지혜가 가장 부러울 때는 이 도시 사람들의 여유가 눈에 보이는 순간이다. 복잡하고, 물가는 비싸고, 날씨는 만날 변덕이지만, 느긋한 자세로 매일을 즐기는 런던사람들의 태도는 조급한 여행자를 방심하게 만든다. 샅샅이 이 도시를 훑고 다닐 필요는 없다는 생각이 들게 해주는 것이다. 덕분에 나도 런던에서 천천히 쉬는 시간을 가질 수 있었던 것 같다.

# Letter from London

"처음 런던에 올 때 친구들은 어쩜 그렇게 빨리 가버리냐고 했지만
알고 보면 그렇지도 않아. 어느 날 갑자기 잘 다니던 직장을
뒤로 하고, 적지 않은 나이에 남의 나라 그것도 뭐든지 비싸고
복잡한 런던에 가겠다고 마음은 먹었는데, 마냥 편하지만은 않았어.
일단 런던에 도착한 다음 날부터 바로 어학원에서 수업을 듣고,
나흘 째 되는 날부터는 꼭 보고 싶었던 공연을 보러 다니고,
짬짬이 시간이 날 때마다 정신 없이 돌아다녔어. 영국 할머니 댁에
머무르기로 한 것도 잠시, 홀딱 반해버린 브릭레인으로 이사한 날이
나의 런던생활이 본격적으로 시작된 첫날이라 할 수 있지.
런던에 몇 년 살다 보니 점점 떠나기가 힘들어져.
그래픽과 타이포그래피로 유명한 북유럽의 여러 나라들, 독일,
스위스와도 가깝고, 무엇보다 날마다 새로운 것들이 쏟아져나오니까
최신의 디자인을 가장 먼저 접한다는 즐거움이 있거든.
워낙 다양한 문화권의 사람들이 한데 모여 사는
곳이라 매일 겪는 색다르고 독특한 경험도 날마다 날 새롭게 해줘.
학교에 갈 때나, 서점에 갈 때나, 산책을 할 때나 항상 뭔가
새로운 걸 발견하게 돼. 물론 런던 특유의 음울한 날씨는 사실
여전히 적응이 잘 안 돼. 하루에도 비가 몇 번씩 스치고,
춥고 스산한 데다가 겨울에는 오후 3시 반이면 어둑해지지.
여기 올 때는 될 수 있는 한 겨울은 꼭 피할 것."

from 정지혜

**런던의 친구, 지혜의 책상 위 물건들**
호주 멜버른에서 구입한 바람개비, 닐스야드 영양크림, 베를린과 암스테르담에서 사온 디자인 책들,
정기 구독하는 잡지 「모노클」, 헬베티카 포스터, 유학 초기 읽었던 디자인 책 「How to be a graphic
designer without losing your soul」, 정기 구독하는 타이포그래피 잡지 「idpure」, 직접 디자인한 캔버스 백,
프라이탁 가방, 오니즈카 타이거 운동화, 헬베티카 폰트 책과 DVD, 에이솝 핸드크림, 일본픽셀디자인 시계,
프라이탁 지갑, 파티용 마스크, 어반 아웃피터스 플랫 슈즈, 홀가 카메라, 사전, 길가에서 주워온 영국번호판

**지혜의 작업실 풍경**
주말에 지혜는 집 근처 버로우 마켓에서 장을 봐서 직접 요리를 한다

 지혜가 보내온 버로우 마켓 풍경. 신선한 음식, 활기가 넘치는 사람들로 가득하다

Tokyo █████ London ███████████████████████████████████████

# 파리와 니스
## 사이를 달리다

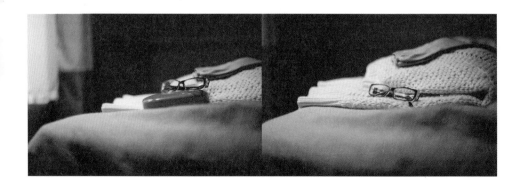

# 빵과 커피, 그리고

깊은 잠에서 깨어나 창문을 열자 아침 공기가 밀려들어온다. 머릿속이 쨍하고 울릴 정도로 차갑다. 작은 발코니 너머로 파리의 첫 아침 풍경을 바라보다가, 언제나 그렇듯이 주섬주섬 아리아와 수첩, 아이팟을 들고 호텔 주변 산책에 나섰다. 방을 나서자 날씬한 소녀 세 명 정도가 간신히 들어갈 정도로 작은 수동 엘리베이터가 눈에 들어온다. 어젯밤 처음 타본 이 엘리베이터는 무수한 프랑스 영화에 등장하는 그 모습 그대로다. 낡은 철조망으로 둘러싸여 있고, 직접 문을 열어야 하며, 움직일 때는 괴상한 소리가 난다. 삐걱대는 철조망 상자를 보자니 어제와 마찬가지로 선뜻 타게 되질 않는다.

'트로카데로Trocadero' 역 근처의 이 작은 호텔이 있는 동네는 번잡하지 않아서 좋다. 호텔 뒷마당

의 아담한 정원, 한적한 거리, 조금만 걸어가면 바로 도착하는 빵 가게와 식료품점, 그리고 노천 카
페 등이 있어서 파리의 아침 일상을 두루두루 즐기기에도 딱 좋다. 걷다가 갓 구운 빵을 사기 위해
줄을 서 있는 사람들 사이로 합류했다. 가만히 서 있자니 빵 굽는 냄새가 온 거리로 퍼져 나간다.
테이블과 의자를 내오며 오픈을 준비하는 레스토랑의 직원들을 바라보다가, 일찌감치 문을 연 카페
에 자리를 잡았다. 저 멀리 에펠 탑이 보이는 테이블에 앉아 고소한 치즈를 듬뿍 올린 크로크 무슈
와 따스한 커피 한 잔을 마시면서 지나가는 사람들을 바라보았다. 출근길 바삐 움직이는 발걸음, 근
사한 사람, 독특한 사람, 세련된 사람, 길 건너편의 노숙자……. 어느새 옆 테이블엔 나와 마찬가지
로 간단한 아침 식사를 하는 사람들로 가득하다. 짧은 아침 시간, 파리의 모든 것을 본 듯하다.

# 바람 부는 날, 몽마르트르 언덕

"몽마르트르 언덕은 위험해."
"정말?"

사크레쾨르 성당 앞을 가득 메운 수많은 관광객과
수다 소리 사이로 이런 대화가 들려왔다.
그들을 뒤로 한 채 오후의 몽마르트르 언덕으로 향했다.
성큼성큼 올라가며 둘러본 몽마르트르 언덕길은
무심할 뿐, 뭐가 위험하다는 건지 잘 모르겠다.
서늘한 바람, 시린 공기, 해질 녘의 보랏빛 노을,
비좁은 언덕길 끝에서 만난 파리 전경.
조금 더 가까이 파리의 풍경을 보기 위해
언덕 끝자락으로 나아가자, 고층 건물이 거의 없는 파리 시내가
저 멀리 수평선까지 드넓게, 막힘 없이 펼쳐졌다.
어디에서나 보이는 에펠 탑도 반갑다.
차차 바람이 거세졌지만, 이에 아랑곳하지 않는 산책자들은
무뚝뚝한 표정으로 가만히 자리를 지키고 서서
파리 시내를 내려다본다.
사람들과 바람, 파리와 하늘 이 모든 것을 담고 싶어
참으로 오랜만에 여러 번 반복해서 셔터를 눌렀다.

# 그 언덕길에 숨어 있는 것들

몽마르트르 언덕은 이젠 예술가들이 모여들었다던 옛날의 그곳이 아니다. 관광객들이 들르는 명소가 되면서 예술가들은 서서히 자취를 감췄다. 어딜 가나 북적대는 사람들로 지친다면, 이곳에서도 역시 큰 길은 피하는 수밖에 도리가 없다. 관광객이 아니라, 그냥 단순한 여행자로 한나절을 보내고 싶다 면 이름 모를 비좁은 골목길을 누비는 것도 방법. 그렇게 오른 몽마르트르 언덕의 골목길에는 많은 것들이 있었다. 약속이라도 한 듯 비좁은 도로변에 나란히 줄지어 서 있던 소형 자동차들, 그림 도구 상점, 작디 작은 앤티크 액세서리샵, 개성이 넘치는 디자인 제품을 파는 '필론스Pylones' 등등. 과함도 모자람도 없이, 생활의 편리와 일상의 윤기를 위해 필요한 것들이 이뤄내는 조화가 사랑스럽다.

## 오렌지, 그린, 핑크의 마레

에티엔 마르셀 거리, 퐁피두 센터, 그리고 파리 시청이 모여 있는 마레 지구는 컬러풀하다.
오렌지, 그린, 핑크가 곳곳에서 피어난다. 역을 중심으로 골목마다 작은 부티크샵, 브랩드샵이 즐비한
에티엔 마르셀 거리는 늘 패셔너블한 사람들로 북적댄다. 건물 컬러가 꽃보다 더 눈에 띄는 꽃가게,
모퉁이에 숨겨진 '인베이더' 그래픽 등을 발견할 수 있는 곳.

파리에는 아름다운 서점이 많다.
파리에 있는 동안 나는 우연히 마주친 몇몇의 서점에서 가장 오랜 시간을 보냈다.
쉽게 구할 수 없는 아트북을 전문으로 취급하는 여러 서점들과 소르본,
오데옹 근처의 무수한 헌책방들, 팔레 드 도쿄, 퐁피두 센터에서 만날 수 있는
디자인 서적 전문 서점들에 많이도 들락거렸다. 개성적인 디자인의 책을
'구경하는' 것도 흥미진진하지만, 무엇보다 오래된 책 냄새와 파리 특유의 향기가
뒤섞인 서점에 머무르는 것이 편했다. 온라인 서점에서 책을 구입하는 것에 익숙해진 나를
파리 곳곳에 자리잡은 서점들은 좀처럼 맛보기 어려운 아날로그적 감성으로 이끌어주었다.

# 서점에서 책 읽기

# 공중에서 바라본 파리

퐁피두 센터에 놀러 갔던 날, 하루 종일 센터 안을 누비고 다녔더니 배가 고팠다. 편안하고 즐겁게 쉬고 싶어서 큰 마음 먹고 퐁피두의 6층 스카이라운지에 있는 퓨전 레스토랑 '조르주Georges'로 향했다. 조르주는 유명 디자이너 제이콥과 맥팔렌이 디자인한 곳으로, 우주선을 연상케 하는 실내와 파리 시내가 한눈에 들어오는 전망이 일품인 곳이다. 파리 풍경을 즐길 수 있는 라운지와 마치 미래의 동굴 같은 디자인의 레스토랑으로 분리되어 있는데, 일단 들어가면 누구든 홀린 듯 일어나 내부를 탐험하게 될 정도로 독특하고 매력적인 공간이다. 레스토랑은 레드, 옐로 등 색으로 공간이 분리되어 있다. 옐로 룸에 앉아 홀로 자신만의 시간을 즐기는 노부인의 여유가 어쩐지 부러워지는 오후였다.

# 낡아도 좁아도 불편해도 괜찮아

파리의 지하철은 만들어진 지 100년이 넘은 만큼 낡고 지저분하다. 승강장은 어딜 가도 묘한 냄새가 감돌고, 어두워서 때로는 지상 못지 않게 복잡하다는 파리의 하수도를 헤매는 느낌이 들기도 한다. 그런데도 나는 이동할 때마다 거의 지하철을 탔다. 파리의 모든 역이 궁금했기 때문이다. 어딜 가나 볼 수 있는 다양한 간이 공연, 열이면 열 같은 게 하나도 없는 그래피티, 출퇴근하는 사람들, 어딘가로 놀러 가는 젊은이들을 지켜보면서 나는 파리를 누볐다.

마주 보게 배치된 의자에 앉으면 앞사람과의 거리가 무척이나 가까워진다. 밀착해서 사람들의 얼굴을 들여다보면, 파리의 일상과 가벼운 피로를 느낄 수 있다.
지하철을 타고 말없이 그들과 어깨를 나란히 하고 덜컹덜컹 이동할 때면 나도 이 도시 사람이 된 듯한 기분이 들기도 한다. 역 사이의 구간이 매우 짧기도 해서 딱히 목적지가 없을 때는 마음에 드는 역에서 내려 잠시 둘러보고, 다음 지하철을 타고 또 달리곤 했다.

낡아도, 좁아도, 불편해도 상관 없는 게 세상엔 참 많다.

# 문득 찾아온 봄의 첫날

과거 와인 저장창고였던 마을을 쇼핑가로
리모델링한 '벡시 빌리지Bercy Village'에 가보기로 한 날.
쇼핑보다는 파리의 옛모습이 잘 보존되어 있다는 말을 듣고 궁금증이 생겨
지하철 14호선을 타고 '쿠르 생테밀리옹cour Saint-Émilion' 역에 내렸다.
파리 중심가에서 벗어나, 짧은 여행을 떠나는 기분으로 간
벡시 빌리지에서는 천천히 걷다가 만난 공원에서 보낸 오후만이 기억에 남는다.
아직은 마른 나뭇가지 사이로 파릇하게 돋아난 새싹과 연분홍빛 꽃잎이
찬바람에 애처롭게 흔들리고, 푸른 잔디엔 오리 한 마리가 뒤뚱거리며 걷고 있던 벡시 공원.
아이를 데리고 한가롭게 옅은 봄볕을 즐기는 젊은 부부가 눈에 띄었다.
갈색 눈동자가 유난히 크고 맑은 곱슬머리 꼬마에게 반해 다가간 나에게
부부가 먼저 다정한 인사를 건네왔다.

"안녕, 여행 중인가요?"
"네, 아기가 정말 귀엽네요."
"고마워요."
"함께 사진을 찍고 싶은데, 괜찮을까요?"
"물론이죠."

여행 중 문득 찾아온 봄의 첫날을 그렇게 이름 모르는 아이와, 오리, 그리고 꽃과 함께 보냈다.

## 커피와 초콜릿

파리의 카페는 혼자 오는 사람들을 존중해준다. '당신의 고독을, 당신의 시간을 건드리지 않겠
어요' 하고 말해준다. 여행의 피로에 지친 순간에 날 쉬게 해준 곳 역시 카페들이다. 파리 전역
에 퍼진 여러 스타일의 카페에 들러 보니, 파리 사람들의 일상은 카페 없이는 제대로 돌아가
지 않는다는 걸 절로 알게 됐다. 파리에서 커피를 마신다는 건 숨을 쉬는 것과 비슷하다. 숨 쉬
듯 자연스럽고 당연하게 매일 반복된다. 사람들은 대부분 집보다는 집 앞의 카페에서 '늘 마
시는 그 맛'의 커피와 함께 하루의 일과를 시작한다. 특별히 고급스럽다거나, 원두의 산지를
강조하는 경우는 별로 없다. 단지 그 향과 맛을 꾸준히 유지하는 소박한 에스프레소 한 잔

이면 충분하다. 커피는 곧 생활이므로, 이곳 사람들은 따로 물에 희석할 필요도, 크림을 얹을 필요도 느끼지 않는 듯하다. 물론 에스프레소가 커피의 전부인 건 아니다. 크림과 우유 등을 활용한, 어디에서나 볼 수 있는 다양한 커피 메뉴도 맛볼 수 있으니 이 또한 즐기기 나름이다. 단골들이 주로 아침식사부터 하는 동네 카페부터 오후의 햇빛을 즐기기 위한 노천 카페 등 어딜 가건 파리의 카페에는 자기만의 생각에 빠지거나, 대화를 나누거나, 책을 읽거나, 작업을 하는 사람들로 가득하다. 그들 곁에 앉아, 에스프레소 한 잔을 마시고 초콜릿 한 조각을 먹는 그 순간의 평온은 비길 데 없는 찰나의 행복이다.

미술관에 놀러가기

파리에 가면, 관심이 있건 없건 미술관이나 갤러리에 한 번쯤은 들러야 한다는 의무감을 느끼게 된다. 멀리 이곳까지 날아왔으니, 교양의 숙제를 해야 할 것 같은 강박에 빠지게 되는 것이다. 명화들이야 아름답고 위대하긴 하지만, 어쩐지 공부하듯 그림을 보고 싶지 않다는 생각이 들 때는 루브르나 오르세보다 퐁피두 센터와 팔레 드 도쿄에 놀러 가면 된다. 그곳에선 예술이 결국 사람들을 즐겁게 해주는 놀이라는 걸 알 수 있으니 말이다.

SNCF

BILLET      PARIS GARE LYON → NICE VILLE

03ADULTE

le 29/00 à 13H50 de PARIS GARE LYON   Classe 2   VOIT 16   PLACE NO 61, 62, 63
à 19H17 à NICE VIL... ...UM     01FENETRE,02COULOIR
PERIODE NORMALE    TGV
...

Prix par voyageur :    3.00             PRIX EUR   **8.00
FF00    KM000           267911142    FRF   **59.04
3.00
02 PM     5720791104G2      5012EC
0870214200733Z

# 반가워요, 니스

저가 비행기를 이용하면 파리에서 니스는 금방이다. 잠시 망설이다가 니스에서 보낼 시간을 쪼개 파리와 니스 두 도시 사이에서 보내기로 했다. 수많은 사람들로 붐비는 리옹 역에서 니스 행 테제베TGV를 찾아 헤맬 때는 내가 왜 이랬을까 잠시 후회를 하기도 했지만, 출발시간에 간신히 맞춰 기차에 오르니 안도와 기대의 한숨이 동시에 터져 나왔다.

숨을 고르며 차가운 물과 챙겨온 과일을 꺼내 목을 축이며, 찬찬히 기차 안을 둘러보았다. 조용하고 깔끔하다. 사람들은 옆사람을 배려하며 조심조심 움직인다. 파리에서 멀어질수록, 차창으로 밀려드는 따뜻한 햇빛에 졸음이 쏟아졌다.그런데 잘 수가 없다. 시시각각 변하는 창 밖의 풍경이 경이로울 정도로 아름다워서. 프랑스 남부 전원이 얼마나 매혹적인지 종종 들었지만, 낮고 멀리 퍼져 있는 구름, 끝이 보이지 않는 푸른 들녘, 그림 같은 작은 마을, 그 뒤로 보이는 푸른 지중해 등이 끊임없이 뒤섞이며 다가오는 풍경에 그만 넋을 잃고 말았다. 6시간을 그렇게 달렸다.

마침내 도착한 니스 역에는 바다 바람이 불었다.

# 니스의 바다

늦잠을 잤다.
기차 여행이 생각보다 피곤했던 모양이다.
호텔 앞 해변가의 산책로를 따라
한참을 걷고 난 후, 커피를 마시기로 했다.
니스의 여름 해변은 휴양지답게
따가운 햇빛과 사람들로 북적대는 곳이지만,
초봄 바닷가는 쓸쓸할 정도로 평온하다.
푸른 하늘, 검푸른 바다, 적당히 따스한 햇살,
하얀 자갈을 앞에 두고, 캔버스 의자에
기대어 쓰디쓴 아침 커피를 마셨다.
'영원'이라는 게 가능하다면,
그 순간을 이곳에서 즐기고 싶어지는 아침이었다.

# 스위트 룸 305호

집을 떠나서 집처럼 편한 공간을 원한다는 건 불가능한 소망이다. 실현되기 어렵다는 걸 잘 알고 있지만 버릴 수 없는 바람. 누구나 하나쯤은 까다롭게 지키고 싶은 것이 있듯이, 난 여행지에서 몸을 누이고 쉴 숙소에 집착한다. 하루 종일 걷다가 지쳐 돌아와 샤워를 하고, 편한 옷으로 갈아입고, 간식을 챙겨서 소파에 털썩 하고 누워, TV를 보는 일련의 과정이 자연스럽고 편하게 이루어질 수 있는 곳을 찾기 위해 꽤 오랜 시간 고심한다. 여행을 떠나기 전 가장 먼저 항공권과 함께 틈날 때마다 찾아내서 메모해둔 호텔 리스트에서 스케줄에 맞는 곳을 골라 예약하는 건 이제 습관이 됐다.

여행은 기본적으로 방랑이다. 혹은 방황일 수도 있다. 내가 정한 목적지 같은 건 막상 그날의 기분에 따라 얼마든지 바뀔 수도 있고, 계획이 어긋나면 방랑이 시작된다. 새로운 길, 낯선 곳을 기꺼이 받아들이면 방랑이고, 어쩐지 내키지 않아 마음에 드는 곳을 찾아 헤매는 방황을 하게 되면 집에 돌아가 쉬고 싶은 마음

이 간절해진다. 그럴 때 여행의 긴장과 피로를 온전히 털어낼 수 있는 곳은 호텔의 작은 방이다.

3월 말, 비수기의 니스는 인심이 후하다. 실내에 회전목마를 들여 놓은 고풍스러운 레스토랑 '라 로통드' 때문에 꼭 가고 싶었던 '호텔 네그레스코Hotel Negresco'에서 운 좋게도 무료로 업그레이드를 해줘서 주니어 스위트 룸 305호에서 나흘을 머무를 수 있었다. 스위트 룸도 처음이고, 생긴 지 100년 가까이 된 호텔이라 밤에 방으로 돌아와선 공간을 유심히 관찰하는 게 일이었다. 각기 다른 문양의 패브릭으로 감싸인 거실과 침실, 드레스 룸, 공들여 고른 가구들, 테라스로 나가면 시원하게 펼쳐지는 바다, 연한 핑크와 그린 컬러의 욕실 타일, 이 방의 사소한 것들에 정이 들면서 나는 재래시장에서 꽃을 사와 꽃병을 가득 채워두었다. 여행지에서 꽃을 사는 건 처음이었다.

호텔 네그레스코 http://www.hotel-negresco-nice.com

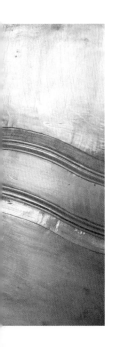

## 오랜 벗의 어깨에 기대어

니스의 공기는 부드럽다. 휴양객들로 가득한 여름이 가고
조용해진 니스엔 나이 지긋한 커플들이 찾아온다.
오후 3시, 은발의 노부부가 해변의 벤치에 앉아 여유롭게
유순한 니스의 바람을 즐기고 있는 풍경을 바라보았다.

"여행 오셨나요?"
"잠시 쉬러 왔어요."
"두 분, 오랜 친구처럼 보여요."

내 말에 노부부는 동시에 빙그레 웃을 뿐, 대답은 없었다.
새삼스러운 얘기라는 의미였으리라.

# 살레야 시장의 맛

니스 근처의 에즈 빌리지로 가기 전 간단한 간식거리를 살 겸 이곳에서 가장 유명한 살레야 광장 재래시장에 들렀다. 니스 해변에서 구시가지에 위치한 살레야 광장으로 걷다 보면 좁은 골목길 너머로 시장이 보인다. 거칠고 분주하며, 생기와 활력이 넘치는 곳이다. 이른 시간에도 광장은 이미 신선하고 저렴한 과일, 처음 보는 야채와 허브, 꽃, 갓 구운 빵, 수많은 종류의 전통 치즈 등으로 가득하다. 맛의 신천지다. 매주 월요일에 열리는 벼룩시장보다 훨씬 자극적이다. 어찌나 다들 싱싱하고 먹음직스러운지 식재료만 봐도 침이 고인다. 마늘조차 탐스러워 보인다. 장을 보러 나온 사람들에게 떠밀리며 빵과 과일 그리고 치즈 몇 가지를 골랐다. 잠시 후 도착할 에즈 빌리지보다 그곳에서 먹을 도시락이 더 흐뭇하고 기대됐다.

# 바람과 미로의 중세 도시

니스 근처에는 오래된 마을이 몇 군데 있다. 그 중 '에즈Eze'와 '생폴St Paul'
을 둘러보기로 했다. 니스 구시가지 동쪽에 있는 버스 터미널에서 모나코
행 112번 버스를 타고 빙글빙글 돌아가는 산중의 도로를 달린 지 20여 분이
지났을까. 모나코와 니스 사이의 산꼭대기에 위치한 에즈 빌리지가 보이기
시작했다.

에즈는 적의 침입을 막기 위해 고지대에 높은 성벽을 두르고, 통로는 좁디
좁은 미로로 형성된 일종의 요새도시다. 지금도 중세 시대의 모습을 고스란
히 간직하고 있어서, 고풍스럽기 그지 없다. 아니 '고풍스럽다'는 말은 사실
적절한 표현은 아니다. 그저 옛 모습 그대로 변함 없이 존재해온 도시라는
표현이 좀더 정확할 것 같다.

물론 시절이 변했듯이, 이 마을도 더 이상 난공불락의 요새로만 존재하진
않는 모양이다. 마을 전체가 관광지가 되어버린 탓에 빈집이 늘어나고 있어
서 반쯤 허물어진 투박하고 오래된 돌담에선 쇠락이 감돈다.

사람이 아무리 많아도 곧 떠날 여행자들뿐이라면 집과 마을은 조금씩 '유
적'이 되어버리고 만다. 사람이 살지 않는 마을은 쓸쓸할 뿐이다. 다행히도
아직은 이곳을 지켜주는 사람들이 있어서 비좁은 골목에 숨겨진 작은 상점
과 카페, 누군가의 아틀리에 등을 누빌 수 있었다. 길을 따라 계속 오르면 마
을 정상에 자리잡은 '에자 성Chateau Eza'이 보인다. 니스 해변이 한눈에 들
어올 정도로 높고 탁 트인 테라스에 앉으면 바다에서 시작해 미로를 통과해
불어오는 바람을 느낄 수 있다.

# 생폴 드 방스에서 멈춘 시간

니스에서 생폴 드 방스St. Paul-de-Vance행 버스를 타고 해안도로를 지나 구불구불한 언덕길을 달렸다.
버스 안의 사람들은 너나 없이 느긋한 표정이다. 차가 흔들리는 방향으로 기우뚱 함께 몸을
움직이거나, 바퀴의 리듬에 맞춰 터덜터덜 고개를 끄덕인다. 한 시간이 채 못 돼서 도착한
생폴 드 방스는 샤갈과 마티스의 사랑을 받아 유명해진 마을로, 버스에서
내리자마자 오길 잘했다는 생각이 들 정도로 아기자기하고 사랑스러운 곳이다. 끊임없이
이어지는 돌계단과 골목길, 그 사이사이에 들어서 있는 아틀리에와 카페들은 하나 같이 공들여 가꾼
손길이 느껴진다. 실제로 아티스트가 거주하며 작업을 하고, 작품을 만들어 팔기도 하는 모양이다.

걷다가 우연히 아무도 없는 골목길에 들어섰다. 창문 너머로 빨래가 잠시 펄럭이다가 제자리로 돌아갔다.
시간이 멈춘다는 건 이런 순간을 말하는 것일까. 골목에서 흔들리는 건 친구의 붉은 스커트뿐이었다.

# 보이지 않는 손

도시건, 작은 마을이건 여행을 가면 나도 모르게 유심히 보게 되는 게 몇 가지 있다.
도시나 마을 전체를 감싼 색, 집, 길, 그리고 간판 등이다.

그 중에서 간판, 즉 사인은 가장 간편하게 도시의 인상을 결정하는 요인이 되기도 한다.
서울의 번화한 골목이나 대로변을 오갈 때는 제각기 소리 높여 자기를 주장하는
간판들의 공격적인 제스처를 피할 도리가 없다. 그럴 때마다 저 간판을 다스리는
보이지 않는 손이 하나 있으면 좋겠다는 생각을 했다. 물론 간판은 세상에 존재하는
수많은 서체와 색깔만큼이나 다양하고 규격화할 수 없는 대상이다.
그 안에는 대개 무수한 목적과 욕망이 집약되기 때문에 재미있기도 하지만,
그것이 제각기 자기 말만 할 때에는 사람의 눈을 피로하게 만드는 노이즈나
마찬가지이다. 문제는 결국 조화일 것이다. 자기 이야기를 하되,
다른 사인들과 '사인'을 맞춰가며 서로 균형을 맞추면 아름다워진다.

생폴 드 방스의 상점과 작업실의 간판들은 아름답다. 보이지 않은 손이 공들여
세공을 한 것처럼, 같은 건 하나도 없지만 하나하나 사이좋게, 둥글게 이어진다.

# 언젠가 다시 올게요

'언젠가 다시 오게 되면⋯.'

여행지에서 떠올리는 가장 부질없는 가정 중 하나일 것이다. 나는 이런 생각은 거의
하지 않는다. 여행은 일상이 아닐 때, 가장 특별하다고 여기기 때문이다. 여행 안에도
일상은 존재하지만, '그때 거기에 내가 있었던' 순간은 유일한 것으로 저장될 때 좀더
빛난다. 그런데 생폴의 골목골목을 누비다 우연히 낡은 자동차를 보고 처음으로 언젠
가 이곳으로 돌아오고 싶다는 생각을 했다. 작고 덜컹거리는 차를 끌고 프랑스 남부
를 하염없이 돌아보고 싶다는 로망이 생기고 만 것이다. 라벤더 동산이며 코타쥐르
해안도로며 화사한 햇빛이 쏟아지는 프로방스 곳곳을 누비고 싶어졌다. 짐은 트렁크
에 던져놓고, 신나는 음악을 틀고, 마음 가는 대로 국도를 달리다 멈추고 싶은 곳에서
쉴 수 있는 미래의 여행을 꿈꿔본다.

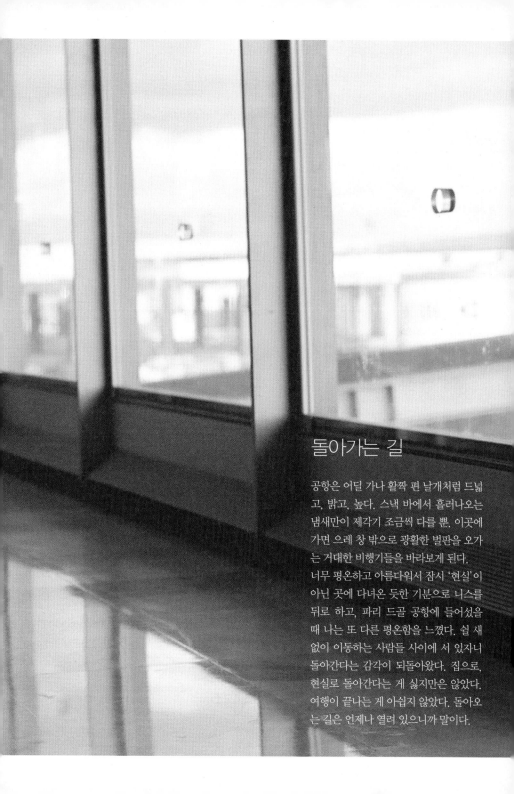

## 돌아가는 길

공항은 어딜 가나 활짝 편 날개처럼 드넓
고, 밝고, 높다. 스낵 바에서 흘러나오는
냄새만이 제각기 조금씩 다를 뿐. 이곳에
가면 으레 창 밖으로 광활한 벌판을 오가
는 거대한 비행기들을 바라보게 된다.
너무 평온하고 아름다워서 잠시 '현실'이
아닌 곳에 다녀온 듯한 기분으로 니스를
뒤로 하고, 파리 드골 공항에 들어섰을
때 나는 또 다른 평온함을 느꼈다. 쉴 새
없이 이동하는 사람들 사이에 서 있자니
돌아간다는 감각이 되돌아왔다. 집으로,
현실로 돌아간다는 게 싫지만은 않았다.
여행이 끝나는 게 아쉽지 않았다. 돌아오
는 길은 언제나 열려 있으니까 말이다.

# 파리, 브르타뉴 그리고 프랑스

파리에 머무르고 있는 백희는 독특한 친구다. 파리 생활을 묻자 그는 엉뚱하게도
짧은 프랑스 여행기를 들려주었다. 막연히 프랑스 갈France Gall의 '사탕과자Les Sucettes'처럼
야하고 재치 있는 음악을 만든 세르주 갱스부르, 루브르와 퐁피두, 카페들을 떠올리며
잘 알고 있다고 착각한 채 온 파리, 아무것도 모른 채 갔다던 브르타뉴 이야기는
나도 언젠가 꼭 한번 그곳에 가보고 싶다는 생각이 들게 했다. 프랑스 하면 늘 파리만
떠올리던 나로선 그가 들려준 브르타뉴 사람들 이야기가 낯설고 신선했다.
마치 커피와 초콜릿처럼, 괴팍하지만 정 많다는 그곳 사람들과 이야기를 나누고 싶어졌다.

# Letter from Paris

"겨울의 파리는 마치 흑백사진 같아. 오가는 사람들도 그리 많지 않아서 적막하고, 뼛속까지 냉기가 스며들 정도로 날씨는 차갑지만, 나는 차분한 파리가 좋아. 어차피 파리는 이방인에게 그리 친절한 도시는 아니니까.

파리에 도착하자마자 크리스마스를 함께 보내기 위해 친구의 고향인 생브리외로 여행을 다녀왔어. 오후 6시에 가족과 친지들이 모여 저녁식사를 하기 시작했는데, 자정 무렵에야 식사가 끝났지. 처음 만난 사람들과 무려 6시간 동안 먹고 마시고 떠들다니, 평생에 한 번 올까 말까 한 이상한 크리스마스 이브였어. 또 하나, 사람들이 각자 준비해온 선물들을 한 자리에 모아두고 교환을 하는데, 포장을 하나하나 벗길 때마다 농담을 주고받는 모습이 정말 정겹고 재미있었어. 나중에 한국에 돌아가면 이런 파티를 해보고 싶더라.

© 한백희 http://102design.com

크리스마스 아침에는 친구와 브르타뉴 근교의 섬 '브르아Brehat'로 짧은 여행을 다녀왔어. 프랑스 북서부에 위치한 '브르타뉴Bretagne'는 '괴팍하다'는 말이 잘 어울리는, 별난 지방이야. 켈트어족 고유의 언어를 프랑스어와 함께 사용하고, 지금도 독립이니 자치니 하는 구호를 외치는 스티커를 자동차에 붙이고 다니는 사람들을 종종 볼 수 있지. 겨울의 브르타뉴는 꽤 을씨년스러워서 우선 카페에 들어가 커피를 마셨어. 그리고 보니 프랑스에 와서 처음 마시는 셈이더라고. 아, 그 진하고 부드럽고 씁쓸하면서도 구수한 향. 어디에서나 마실 수 있는 커피 한 잔이지만, 프랑스 사람들이 커피를 대하는 태도는 남다른 데가 있어. 커피를 대할 때만큼은 누구나 브르타뉴 사람들의 기질에 가까워지는 것 같기도 해. 까다롭지만 소중한 것을 지켜나가는 그 기질 말이야."

from 한백희

Tokyo ■■■■■ London ■■■■■ Paris ■■■■■■■■■■■■■■■■■■■■■■■■■

New York

# 천천히 흐르는
# 뉴욕의 시간

# 안녕, 뉴욕

뉴욕은 늘 궁금한 도시다.
세상의 부자들이 모여 사는 곳답게 이해할 수 없을 정도로 높은 물가나
호사스러운 겉모습 등과는 상관 없이 한번쯤 살아보고 싶다는
매력을 풍긴다. 그 어느 도시와도 비교할 수 없는 빠른 속도로
이야기와 사건을 만들어내며 오랜 역사를 지닌 파리나 런던처럼
자기만의 전통을 갖게 된 덕분이다. 미국 동부 특유의
짧은 역사가 만들어낸 오묘한 무게감의 정체도 궁금하고,
세상의 모든 아티스트들이 모여드는 곳인 만큼 모퉁이를 돌 때마다
새로운 것과 맞딱드릴 것 같다는 기대감을 품게 한다.

열세 시간의 비행 끝에 입국 심사를 마치고 공항 밖에 나와
처음 본 풍경은 베트남 출신의 부부와 동양인 아저씨가 언성을 높이며
싸우는 모습이었다. 로망보단 속살부터 먼저 본 느낌. 하지만 괜찮다.
어차피 '섹스앤더시티'나 '가십걸'의 한 장면을 기대한 건 아니니까 말이다.
정신 없이 질주하는 옐로 캡과 나와 같은 관광객들로 한 가득인
타임스퀘어와 5번가도 나쁘진 않지만, 아무래도 나는 뉴욕 사람들의
소소한 일상과 좀더 가까운 로어 이스트 사이드나 윌리엄스버그 쪽이
재미있다. 유머와 위트가 넘치는 분장을 한 사람들이 쏟아져 나오는
할로윈 데이, 걷다가 눈이 마주치면 가볍게 눈인사를 건네는 사람들,
지친 나에게 슬퍼 보인다고 웃으려던 매장 직원의 지나가는 말에
11월의 뉴욕이 좋아졌다.

# 뉴욕 피플

뉴욕에서 가장 많이 본 것은, 아마도 '열정'이었던 것 같다. 행동으로 자신의 열정을 내보이는 다종다양한 사람들을 보면서 매순간이 놀라움의 연속이었다. 사람들이 저마다 이토록 다르고 이토록 열정이 넘치다니, 어리둥절할 정도로 강렬한 에너지가 여기저기서 흘러 넘쳤다. 이방인의 눈에는 쌀쌀맞아 보이는 표정 안쪽에서조차 뭔가에 취한 열정이 느껴졌다. 원하는 대로 살기 위해 투신하고 헌신하는 사람들 사이를 느릿하게 걷고 있자니 간혹 뜻 모를 압박이 느껴질 때도 있었지만, 그보단 그들이

부럽다는 생각이 먼저 들었다. 어쨌든 독신인구가 많은 도시답게, 혼자 걸어도 전혀 외롭지 않다는 것도 참 좋았다. 걸으면서 많은 사람들을 만났다. 혼자 다섯 마리의 강아지를 산책시키는 남자, '트릭 오어 트리트'를 외치던 할로윈 데이의 아이들, 윌리엄스버그 거리의 힙스터들, 거리에서 핫도그로 점심을 해결하는 이들, 좁은 집에서 뛰쳐나와 카페와 공원에서 일을 하는 사람들. 나를 포함한 많은 이들이 이 동경하는 건 어쩌면 뉴욕이 아니라, 뉴욕 사람들이 사는 방식이 아닐까 싶었다.

# 달디단 형광빛 컵케이크

'컵케이크? 미국인들의 불량식품인가?'
처음엔 색소에 우유라도 탄 양 연한 초록이나 하늘빛, 연분홍 등
인공적인 색감의 아이싱 크림으로 장식된 컵케이크를 보면서 이런 생각을 했었다.
실제로 먹어본 후엔 과연 저건 어떤 맛일지 상상하는 순간이
컵케이크가 주는 최고의 묘미라는 걸 알았다.
정작 맛이 중요한 음식은 아니라는 걸 먹어본 후에 알았다는 얘기다.
아무튼 뉴욕에서 컵케이크는 사랑 받는 존재다.
어린 시절 생일 파티 등에서 즐겨먹던 추억을 되새기게 해주며 인기를 끌다가,
이젠 일상적으로 선물도 하고, 간식으로도 즐기는 식으로 정착된 지 오래다.
컵케이크 전문샵들도 자주 눈에 띄는데, 마침 함께 여행을 온 친구 생일이라
오차드 거리의 '베이비 케이크BABYCAKES'에 들러보았다. 손때 묻은 하얀 문을 열자
알록달록한 케이크들이 나란히 줄지어 있는 진열장이 먼저 눈에 들어왔다.
벽은 빛 바랜 핑크색, 직원들도 마치 컵케이크처럼 귀여운 코스프레를 하고 있다.
유기농 재료를 사용한다는 문구가 눈에 들어온다.
이곳에서 맛본 형광빛 유기농 컵케이크의 맛은 달디 달았다.

베이비 케이크의 포장 세트를 보는 순간에는
좋아하건 싫어하건, 컵케이크와 사랑에 빠지게 된다

# 로어 이스트 사이드의 오후

뉴욕에서 집세가 상대적으로 저렴한 지역은 어딜 가나 젊은 아티스트들이 모여 살게 마련이다. 원래 가난한 유대인들이 모여 살던 로어 이스트 사이드도 최근 아티스트들이 흘러 들어오면서 '힙'한 동네로 떠오르고 있는 곳이다. 특히 이 지역의 오차드 거리에는 카페, 베이커리, 빈티지샵들이 속속 들어서고 있어서 소소하게 구경하고 산책하며 쉬기에 좋다.

그 거리의 중앙을 가로지르는 사거리 모퉁이에 자리잡은 카페 '88 오차드'에 앉아 있으면 끊임없이 사람들이 드나든다. 커피를 사러 온 동네 주민들과 젊은 힙스터들이 자연스럽게 눈인사를 나누며 오간다. 창 밖으로 내다본 로어 이스트 사이드의 오후는, 참 한가롭다. 도시 한복판에서 느긋한 사람들에 둘러싸여, 나도 저이들처럼 '쉬는 중'이란 걸 새삼 느낄 수 있었다.

88 오차드 http://www.88orchard.com

## 미술관 옆 갤러리

흔하다. 너무 많다. 세계에서 가장 핫한 미술 신을 자랑하는 뉴욕답게 어딜 가든 갤러리가 넘쳐난다. 모마MOMA_The Museum of Modern Art와 구겐하임 같은 대형 미술관뿐만 아니라, 컬렉션 위주의 크고 작은 개인 미술관, 첼시나 브룩클린 등지에 점점이 흩어져 있는 창고 갤러리, 미니 갤러리가 거리의 표정을 만들고 있다. 도서관 같은 서점들, 모든 시민과 관광객을 위한 궁전이라 할 수 있는 대형 미술관, 그 옆에서 끊임 없이 새로운 예술을 업데이트해주는 군소 갤러리들은 뉴욕의 인상을 결정하는 가장 큰 요소다. 이처럼 예술과 친한 도시답게 굳이 갤러리가 아니더라도 작품을 걸 공간만 있다면 작은 전시를 하는 카페나 서점까지 즐비한 뉴욕은 언제나 전시 준비 혹은 전시 중이다.

모마와 구겐하임은 명성에 걸맞은 규모와 작품들을 갖추고 있다. 공부하듯 꼭 가야 한다는 의무감에서 벗어나면 그곳은 즐거운 자극제다. 며칠 동안 미술관들을 쉬엄쉬엄 둘러보면서, 아예 이 도시에

살면서 보고 싶을 때마다 잠깐 들러서 좋아하는 그림과 눈을 맞추고 한참 앉았다 갈 수 있으면 좋겠다 싶었다. 세계 곳곳에서 모아온 모마나 구겐하임의 작품들을 보면서, 이 거대한 미술관은 여행자보다는 이 지역에 사는 사람을 위한 로컬 회관 같다는 생각을 했다. 역시 그림은 굳이 한 곳에 많이 모여 있을 필요가 없는 것 같다. 메이드 인 차이나 제품이 제법 자리를 차지한 모마의 아트숍을 나서면서는 슬슬 감흥이 떨어지면서, 동네 갤러리들이 궁금해졌다. 작은 갤러리와 전시 공간이 있는 아트서점들은 의외의 발견을 선사하는 변방이자 너른 야생이다. 젊고 새로운 작가들이 저 밖의 갤러리 주위엔 잔뜩 모여 있다. 사실, 이번에는 마음에 드는 그림을 만나게 되면 생애 첫 번째로 구입을 해볼까 벼르기도 했었지만, 아직은 때가 아닌 모양이다. 처음 간 뉴욕에서 난 미술관 옆 갤러리들을 마냥 떠돌며 그저 보고 또 보았을 뿐이다.

# 책의 냄새

거리 곳곳에 숨어 있는 작은 아트서점들은 갤러리와 마찬가지로, 뉴욕의 표정을 결정짓는 우아한 방점이다. 각종 아트북, 사진집으로 가득한 서점의 문을 열고 들어갈 때마다 밀려드는 종이 냄새는 코끝을 간지럽힌다. 바스러진 가을 낙엽처럼 부드러운 먼지 향이다. 종이 냄새는 도시에서 가장 가까이 접할 수 있는 자연의 흔적이다. 뉴욕의 아트서점들은 대부분 보너스도 하나씩 안겨준다. 어딜 가나 전시를 하고 있으니, 함께 챙겨보는 맛도 좋다.

# 맨해튼 리버 하우스

테라스에서 보이는 허드슨 강변 풍경이 일품인 맨해튼 리버 하우스는
브룩클린에 있는 깔끔한 호스텔이다. 나흘 정도 이곳에 머무르며
많은 사람들과 스쳤지만, 친구가 된 이들은 많지 않다.
여행자들은 여정에서 마주치는 여행자에 대해 호기심을 느끼면서 동시에 무심하다.
여행 중이라는 동질감은 있지만, 서로 곧 자기 갈 길을 떠날 사람들이기 때문이다.
10년 전 뉴욕에 여행 왔다가 사진에 빠져 지금은 포토그래퍼로 활동하며
얼마 전부터 맨해튼 리버 하우스를 운영하고 있는 주인 아저씨는
적당히 무뚝뚝하고 적당히 친절하다. 브룩클린에 있어서
한국 사람들이 거의 오지 않는다는 그의 말처럼 나와 함께 머무른 이들은
유럽 출신 배낭 여행자들이 대부분이었다. 아침 일찍 일어나 5층의 탁 트인 테라스에
올라가면 먼저 와 따뜻한 햇빛을 쬐며 윌리엄스버그와 저 멀리 맨해튼 풍경을 즐기는
사람들이 삼삼오오 모여 있었다. 가벼운 미소로 인사를 나누고
뿔뿔이 흩어지는 호스텔의 아침 공기를 바꿔준 건 하룻밤 방을 함께 썼던
독일 여학생이었다. 조용히 차를 마시며 각자의 시간을 보내는 사람들뿐인
거실에 들어오면서 명랑하게 모두에게 인사를 건네던 그녀는
정말이지 쾌활한 소녀였다. 아침이면 맥북으로 친구들과 화상통화를 하고,
밤 늦도록 뉴욕 시내를 쏘다니다가 볼이 발그레해져선 돌아오곤 했다.
진심으로 이 여행이 즐거운 듯해 그녀를 보면 나도 괜스레 힘이 솟는 것 같았다.
소녀의 에너지에 전염된 듯 유난히 기분 좋던 오후, 뉴 뮤지엄의 스카이 룸에서
스페인에서 왔다는 포토그래퍼와 이야기를 나누게 되었다. '안녕'이라고,
선명한 한국어 발음으로 인사를 해온 그와 우리는 카메라와 사진,
그리고 뉴욕에 대해 두서 없지만 재미있는 대화를 나눴다.
웹에서 만날 수 있는 친구가 한 명 더 늘었다. 도쿄에서 만난 미우처럼
그와도 오랜 시간 친구처럼 지내게 되길 기대해본다.

맨해튼 리버 하우스 http://:www.zip112.com

맨해튼 리버 하우스에서 함께 방을 쓴 룸메이트와
뉴 뮤지엄에서 만난 포토그래퍼 친구

Lisa Sigal
Line-up, 2008
Paint, Tyvek, vinyl mesh, map,
compasses, and documentation
Courtesy the artist

HENRY HOPE TERRACE
DEDICATED BY
THE MCCLENNEN FAMILY AND FRIEN

덤보 거리의 화사한 타일 아트

# 골목의 점령군, 스트리트 아트

낯선 도시의 거리를 걷다가 유머와 위트가 넘치는 스트리트 아트와 마주치면 왠지 마음이 놓이면서
웃게 된다. 여기도 유쾌한 사람들이 사는 곳이구나 하는 안도감일 수도 있고, 순수하게 '보는 맛'도
있기 때문이다. 길을 걷다가 모던한 간판이나 기능적이면서도 색 조합이 아름다운 사인을 보면 나도
모르게 카메라를 꺼내게 된다. 그렇게 스트리트 아트와 어울리며 여행의 긴장은 서서히 녹아 없어진
다. 특히, 윌리엄스버그 골목을 걷다가 스페이스 인베이더http://www.space-invaders.com의 흔적을 발견

윌리엄스버그 허드슨 강 근처
공장지대에서 발견한
'페퍼 프로젝트Pepper Project'의
'Other Painting전'

윌리엄스버그의 모던한 조명공장
간판과 공사중을 알리는
블루-오렌지 사인

스푼빌앤슈가타운 서점과
첼시 거리의 꼼데가르송 매장
입구에서 발견한 인베이더

윌리엄스버그의 골목의 점령군,
'스페이스 인베이더스'의 흔적

했을 때는 마치 잘 알고 지내는 친구를 만난 것처럼 반가웠다. 일종의 아티스트 그룹인 스페이스 인베이더는 70~80년대를 풍미했던 게임 '인베이더'의 그래픽을 재현해놓은 작은 타일 작품을 세계 도시의 거리에 숨겨놓고, 그 도시를 점령했다고 농담처럼 말한다. 인베이더를 발견하면 사진으로 찍어서 웹사이트에 올리는 등 지도를 만드는 장난을 하기도 한다. 윌리엄스버그뿐만 아니라 첼시도 이들에게 점령당한 지 오래다.

# 윌리엄스버그 사람들

뉴욕에 머무르다 보면 맨해튼이 거대한 세트장처럼 느껴지는 순간이 온다.
맨해튼 거리를 걷고 있노라면 내가 가상의 공간 속 가상인물처럼
여겨지면서 머릿속이 텅 빈 것 같은 느낌이 드는 것이다.
도시와 공원은 지나치게 말끔하고 거대해서, 잠시 들른 여행객에게
따뜻한 곁을 내주지 않는다. 이렇게 둥둥 겉돌고 떠도는 느낌은
로어 이스트 사이드나 윌리엄스버그에 가면 조금씩 가라앉는다.
그렇다고 딱히 이 동네가 푸근하고 따뜻하다는 얘기는 아니다.
원래 공장이 많은 동네였기 때문에 건물들은 때때로 지나치게 크고,
거리는 종종 황량하다. 다만 신기한 건 맨해튼의 유니온 스퀘어에서
L트레인을 타고 역 세 개만 지나면 이렇게 다른 세상이 존재한다는 것이다.

옐로우 캡으로 꽉 찬 맨해튼 도로와 달리 택시는 거의 보이지 않는
윌리엄스버그의 중심지 베드포드 거리에는 중고 레코드샵, 아트서점,
주말 벼룩시장, 갤러리들이 납작하니 오밀조밀 모여 있고,
그 사이를 기묘하고도 독특한 차림새의 힙스터들이 누비고 다닌다.
여기는 사람들이 땅에 발을 디디고 사는 곳이라는 안정감이 느껴진다.
고층건물 대신 넓디 넓은 공장건물 사이로 자전거를 타고 다니는 사람들,
길바닥에 천 하나 깔고 쓰던 물건을 파는 사람들, 곳곳에 들어선 카페와
레스토랑, 바, 상점 등은 하나 같이 생활의 냄새를 풍긴다.
윌리엄스버그 사람들이 사는 모습을 보면, 라이프 스타일이란
결국 삶을 꾸리는 태도와 취향이 빚어내는 것이란 생각을 하게 된다.
오직 기계 돌아가는 소리만 요란하던 동네를 우리가 하듯이 통째로
'개발' 해버리지 않고, 자연스럽고 따뜻한 감성을 더해 사람 냄새가 나는
곳으로 만든 건 그들의 사는 방식 덕분에 가능한 일이었을 것이다.
웹사이트 '프리 윌리엄스버그http://www.freewilliamsburg.com'에 들어가면
이곳 사람들이 무엇을 어떻게 즐기며 사는지 조금이나마 짐작할 수 있다.

# 호텔 온 리빙턴

어느새 정이 든 맨해튼 리버 하우스를 떠나기도 아쉽고, 비용도 만만치 않지만 며칠 동안만 디자인 호텔에 묵기로 했다. 부담스러운 호사이긴 하지만 아무래도 디자인에 관심이 많기 때문이다. 디자인 트렌드뿐만 아니라 뉴욕의 다양한 라이프 스타일도 함께 경험할 수 있는 기회이기도 하고. 디자인 호텔을 고를 때에는 분위기나 취향도 중요하지만, 나는 주로 관심 있는 디자이너가 작업한 곳이나 직접 보고 확인하고 싶은 콘셉트로 꾸민 곳으로 가는 편이다. 뉴욕에서는 로어 이스트 사이드의 러로드 거리 중심에 위치한 '호텔 온 리빙턴Hotel on Rivington'에 며칠 머물렀다. 파리에서 활동하는 디자이너 인디아 마흐다비India Mahdav http://www.india-mahdavi.com가 인테리어 작업을 했는데 구석구석 꼼꼼하게 손길이 닿아 있어 깔끔하고 모던하다. 신중하게 고르고 고른 가구와 집기, 외출했다가 돌아오면 매일 침대 옆에 쿠키를 준비해주는 세심한 서비스도 일품이다.

주말에는 늦은 새벽까지 파티를 즐기는 사람들이 술에 취해 웃고 떠드는 소리가 11층의 객실까지 울려 퍼질 정도로 호텔 온 리빙턴 주변에는 클럽과 바가 많다. 특히 뮤지션 모비Moby가 운영하는 채식주의자를 위한 카페 '티니teany'와 언제 가도 사람들로 꽉 찬 인기 만발의 펍 '스피처스 코너Spitzer's Corner'가 가볼 만하다. 호텔 1층에 있는 레스토랑 'THOR'도 밤이 되면 멋지게 차려 입은 젊은 뉴요커들로 붐비는 바가 된다. 친구들과 모여 와자지껄하게 시간을 보내는 사람들 사이에서 맥주 한 병을 홀짝이다 보면 지나가는 사람들과 실없는 대화를 나누게 된다. 여행지에서나 가능한 깃털처럼 가벼운 만남이지만, 때론 이런 것도 나쁘지 않다.

호텔 온 리빙턴 http://www.hotelonrivington.com
카페 티니 http://www.teany.com
스피처스 코너 http://www.spitzerscorner.com

호텔 온 리빙턴의 2층 라운지

11층의 모던한 라운지 '하이 플로어 킹HIGH FLOOR KING'

1층의 레스토랑 겸 바 'THOR'

# 천천히 흐르는 카페의 시간

뉴욕에 오기 전 에코 투어리즘이란 것에 관심이 생겼다.
지역의 문화, 역사, 고유의 자원을 최대한 있는 그대로 경험하는 여행을 뜻하는데,
이런 태도를 통해 여행지의 자연과 주민들 사이를 흐르는 시간을 존중할 수 있다는 것이다.
이 에코 투어리즘의 개념에서 마음에 드는 건, '시간'에 대해 다시 생각하게 해준다는 점이다.
여행자는 늘 바삐 움직이고, 서둘러 스쳐 지나간다. 짧은 여정을 충일하게 채워야 뿌듯한 마음으로
돌아갈 수 있다고 생각하기 때문이다. 해변에서 주워온 조개 껍질처럼 별다를 게 없어도
사람들은 뭔가 보고 경험했다는 걸 추억으로 삼고 싶어 한다. 휴양지가 아닌 대도시의 여행객들은
특히 더 그렇다. 뉴욕 같은 도시엔 보고 들어야 할 게 너무 많다. 가야 할 미술관도 많고,
구경해야 할 곳도 넘쳐난다. 눈부신 속도로 이리저리 움직이는 여행자들은
그렇지 않아도 빨리 흐르는 도시의 시간을 더 빨리 달리게 만든다.
그 흐름에서 벗어나고 싶은 순간이 오면, 카페를 찾아가는 것도 방법이다.
카페는 누구든 느리게 존재할 수 있는 공간이다. 특히 도시에서 여행자의 시간이 아닌,
그곳에 사는 사람들과 같은 속도로 시간을 공유할 수 있는 곳이다. 뉴욕에 머무르면서
내가 가장 많이 찾은 곳은 카페였던 것 같다. 걷다가 지치면 습관처럼 눈에 띄는 카페에 들러
머릿속을 텅 비워냈다. 그러면서 사람들을 지켜보기 시작했다. 평일 오후 뉴욕의 카페는
혼자 컴퓨터를 들고 나온 사람들과 책과 노트를 끼고 느긋하게 시간을 보내거나
작업을 하는 사람들로 가득하다. 어딜 가건 카페 안팎의 풍경은 한결 같다.
그곳에서 천천히 흘려보냈던 시간은 지금도 여전히 내 마음속에 남아 있다.

A BIT OF
MATTER AND
A LITTLE
BIT MORE

# 뉴욕의 두 사람

뉴욕 여행을 준비하다가 친구의 소개로 현유와 동윤의 결혼사진이 담겨 있는 사이트를 보게 되었다. 항상 가보고 싶었던 코니 아일랜드를 누비며 촬영한 그들의 소박하면서도 오래된 느낌의 결혼사진을 보자마자 두 사람을 만나고 싶어서 무작정 메일을 보냈다.

"내가 뉴욕에 가면 만날 수 있을까요?"

얼마 후 언제든 괜찮다는 답장이 오고, 두 사람을 만나 이야기를 나누며 조금씩 가까워졌다. 패션 디자이너인 현유와 일러스트레이터인 동윤은 꿈에 대한 이야기를 했다. 패션 디자이너로서의 치열한 삶을 살고 싶어 뉴욕에 왔던 현유는 이곳에 오기 전과 후를 비교하며 많은 것이 달라졌다고 말했다. 뉴욕에서 보낸 4년 여의 시간은 눈앞의 목표가 아닌 인생의 목표를 생각하는 계기가 되어주었고, 지금까지 노력하고 이루어온 것들을 버리더라도 스스로를 위해 처음부터 다시 무언가를 시작할 용기를 주

© 유영규 http://www.yooyoungkyu.com

었다고 한다. 현유는 지금 패션 디자이너이지만, 앞으로의 인생은 그림을 그리며 작가로 살겠다 한다. 현유가 뉴욕에서 자신의 진정한 꿈을 깨달았다면, 동윤은 이곳에 올 때부터 품고 있던 꿈을 향해 한 발자국씩 나아가고 있는 듯했다. 동윤은 일러스트레이터로서 뉴욕에서 지낼 수 있는 것에 감사한다고 한다. 비슷하게 시작한 작가들과 끊임없이 교류할 수 있고, 존경하는 작가들을 만나 친구가 되었으며, 영국, 프랑스, 홍콩 등 세계적인 프로젝트에 참여할 수 있게 된 것 모두가 이 도시에서 얻은 선물이라고 했다. 그는 그림을 그리는 일을 진심으로 사랑하고, 노력하는 만큼 이루어진다는 말을 믿으며 열심히 살고 있었다. 두 친구와 이야기를 나누던 날, 식당 창밖으로 거리를 천천히 둘러보았다. 두 사람 덕분에 쌀쌀한 날씨도, 바삐 지나가는 사람들도 새삼 정다웠다. 들뜬 내 마음처럼 현유와 동윤도, 그리고 길 위의 사람들 모두 이 도시를 정말 사랑하고 있는 것 같아 왠지 안심이 됐다.

패션 디자이너 현유와 일러스트레이터 동윤의 작업실

ⓒ 이동윤 http://www.dongyunlee.com

동윤의 작품들
〈HURT:#2 DINER〉 〈HAPPY SCOOTERS〉 〈HOPE〉

첼시에서 열렸던 동윤의 전시회
리셉션에 모인 친구들

# Letter from New York

"뉴욕의 시간에는 묘한 모순이 있어요. 남들보다 반 발짝 앞서야 한다는 강박이 공기 속에 맴돌 정도로 트렌드에 민감하면서 동시에 오래되고 낡은 것들을 그대로 껴안고 있거든요. 지은 지 100년은 된 아파트에 살면서 로봇 청소기로 청소를 하고, 길에서 아이폰으로 이메일을 확인하지만 60년대에 만들어진 자전거를 타고 80년대 스웨터를 입는 식이지요.

얼마 전에 산책을 하다가 자기 집에서 물건을 판다는 광고를 보고 공원 옆에 있는 작은 아파트에 다녀온 적이 있어요. 들어가 보니 집안의 모든 물건들에 가격표가 붙어 있더군요. 당황해하며 주변을 두리번거리자, 할머니 한 분이 다가와 말했어요.

"2년 전에 세상을 떠난 언니 물건들인데, 이제야 정리를 하네요. 빈티지 물건들 좋아 해요?"

할머니를 따라 집 안쪽의 드레스 룸으로 향했는데, 문을 연 순간 머리가 멍해졌어요. 꽤 널찍한 방 전체가 잘 손질된 빈티지 구두와 부츠들, 알록달록한 벨트와 모자들, 화려한 스카프와 가방들로 가득했는데, 특히 그 옆에 있던 50년대의 블라우스부터 60년

대, 70년대, 80년대의 드레스들은 너무나 아름다워 눈을 뗄 수가 없었죠. 그곳은 한 여자의 보물창고이자 일생 그 자체였어요.

내가 고심하며 고른 물건들을 정성스레 포장해주며 할머니는 이런 말씀을 하셨어요. "언니가 사랑하던 물건들을 좋아해줘서 고마워요. 소중하게 다루어주고 예쁘게 입어요. 언니가 정말 기뻐할 거예요."

집으로 돌아와 그분의 물건들을 보면서 내게 소중한 물건들을 떠올려봤어요. 대학생이 되던 해에 엄마가 사주신 레인코트, 처음 동윤을 만날 때 신었던 은색 구두, 둘이서 한 시간을 함께 고민하며 고른 프라이팬. 기억이 더해지면서 그것들은 내게 물건 이상의 무엇이 되었죠. 무심히 사는 빈티지 물건들에 그런 소중한 마음이 담겨 있다는 걸 깨닫고 나니 그 물건들을 가벼이 할 수가 없더군요. 누군가의 추억에 나를 얹어가고 있다는 책임감마저 들어요. 그날 샀던 드레스들은 지금도 잘 입고 있는데 이젠 여기에 내 기억도 조금씩 보태지고 있겠죠? 언젠가 이 물건들이 내 손을 떠났을 때, 다른 누군가가 사랑해주길 기대하면서 소중하게 간직하고 싶어요."

from 조현유

Tokyo London Paris New York

# 어쩌다 마주친
# 방콕

# 어쩌다 마주친

우리는 때로 터무니없이 이상한 우연이나, 사소한 충동으로 여행을 떠나기도 한다.
모르면서 알고 있다고 착각하게 만드는 나라, 태국에 가게 된 건 우연히 본 호텔 '리플렉션스'의
사진 한 장 때문이었다. 방콕은 그저 패키지 여행이 일상화된 관광도시일 뿐이라는 선입견은
그 사진 한 장으로 완전히 사라졌다. 궁금증이 슬슬 커지고, 알면 알수록 난 점점 더 이 도시에 빠져들었다.
무엇보다 여느 대도시에 뒤지지 않는 독특한 디자인 문화가 흥미로웠다. 골목을 채우고 있는
수많은 셀렉트샵, 독특한 차 문화, 꽃과 승려, 세계의 여행자들이 뒤섞인 방콕의 거리에서
마주친 것들과 사랑에 빠지는 건 순식간이다.

# 카오산 로드의 카오스

카오스, 혼돈이다 이건. 여행자들의 수도라는 카오산 로드에 처음 갔을 때 나는 습하고 뜨거운 공기만큼이나 강렬한 혼란을 느꼈다. 사람들이 너무 많았다. 게다가 셀 수 없이 다양한 머리색 깔이 뒤섞여 있었다. 국적도 경계도 없는 카오산 풍경은 '이국적'이란 말로도 충분히 설명되지 않는다. 습기와 먼지와 사람들 사이를 굴러다니며 모든 에너지를 다 써버린 듯 지쳤을 때, 비가 내리기 시작했다. 우산이 없어서 본능적으로 비를 피할 곳을 찾다가, 문득 깨달았다. 달리는 사람이 아무도 없다는 걸.

비가 오면 오는 대로 투둑 투둑 배낭 위로 떨어지는 빗방울 소리에 맞춰 걷고 있는 사람들 곁에서 나도 천천히 속도를 늦추었다. 먼지와 끈적함을 비로 씻어내며 걷는 나에게 후루룩 볶음국수를 먹던 사람이 싱긋 미소를 보냈다. 의자 하나 달랑 내놓은 거리의 미용실에서 머리를 땋던 남자도 찍어도 괜찮냐는 의미로 카메라를 가리킨 나에게 어깨를 으쓱할 뿐, '당신 마음대로 하세요' 라고 말 없이 말해주었다.

혼돈도 즐거움이 될 즐길 수 있는 곳, 카오산 로드.

## 호텔 리플렉션스 210호

태국의 여러 아티스트들이 디자인한 17개의
룸이 있는 '호텔 리플렉션스'는 단순한 숙소가
아니라 날 방콕으로 이끈 이정표다. 이곳이 특
별하고 남다르다는 얘기는 아니다. 가끔은 마
음 가는 대로 움직이고 싶을 때, 그 마음이 갈
곳이 있다는 게 중요하다는 이야기다. 그래야
움직일 수 있으니 말이다.

밤늦게 도착한 태국 공항에서 택시를 타고 도
착한 리플렉션스 210호에서 묵직한 습기와 함
께 잠을 청하고, 다음 날 아침 일찍 일어나 이
하얀 방을 둘러보았다. 흰 벽과 장난스런 일러
스트레이션이 유쾌하게 눈을 두드린다. 아, 역
시 오길 잘했다는 생각이 든다.

호텔 리플렉션스 http://www.reflections-thai.com

1 제각기 다른 형태의 의자들, 다양한 패턴의 테이블과 쿠션으로 가득한 호텔 리플렉션스의 1층 카페 2 호텔 구석구석에 배치된 의자들 3 아침식사를 제공하는 레스토랑. 식사보다는 핑크 컬러에 눈길이 간다 4 한가로운 물놀이의 시간. 호텔의 작은 수영장은 밤이 되면 젊은이들이 모여 드는 작은 바가 되기도 한다. 무더운 밤, 수영장으로 모여든 사람들은 푸르게 반짝이는 물에 발을 담그고 맥주를 마신다

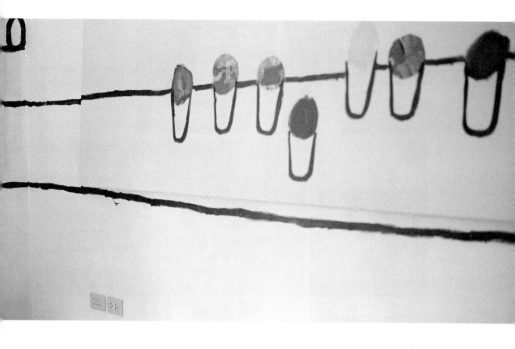

# 구운 바나나와 툭툭

생전 처음 보는 열대과일들, 비닐봉지에 담아주는
콜라와 과일 주스, 바나나 팬케이크, 숯불에 구워주는
모닝 토스트, 소스 맛이 일품인 볶음국수, 한번 맛보면
중독되는 쏨땀. 짜뚝짝 시장의 기억은 온통 군침을 삼키며
바라보거나 먹었던 음식에 대한 것들뿐이다. 맛도 맛이지만,
잰 손놀림으로 음식을 만드는 모습을 보는 것도 재미있다.
착착착착 채소를 썰고, 과일을 저미고, 국수를 삶거나 하는
숙련된 움직임은 보다 보면 넋을 잃고 빠져들게 된다.
시장에 간 날, 절로 맛을 상상하게 만드는 요리장인들의
유혹에 넘어가 볶음국수 한 그릇을 해치우고, 그걸로도 모자라
구운 바나나를 들고 툭툭에 올라탔다. 미지근한 바람에 날리는
머리카락과 먼지가 뒤엉켜도 구운 바나나는 원래 바나나의 맛이
기억이 안 날 정도로 달디 달았다.

# 디자인 도시, 방콕

방콕에 머무르는 시간이 길어질수록, 놀랄 일도 많아진다. 특히 난 이 도시의 디자인 마인드에 매순간 감탄했다. 거리 어디에서든 눈에 띄는 그래피티, 인베이더 그래픽의 흔적들, 고급 호텔부터 뒷골목에 이르기까지 방콕은 도시 전체에 예술과 디자인 개념 이 자연스레 스며 있었다. 거리에서 활동하는 젊은 독립 아티스트들도 많고, 갤러리 등이 많이 발전한 것 같진 않지만 스타일 좋은 샵엔 대개 오리지널 작품 한 점쯤은 예 사로 걸려 있기도 하다. BTS 시암 역과 바로 연결된 대형 쇼핑몰 시암 센터 역시 대도 시로서의 방콕을 유감없이 보여주는 곳이다. 특히 엠포리엄 백화점 6층에 위치한 디 자인센터 TCDCThailand Creative & Design Center는 공간부터 장서에 이르기까지 흠잡 을 데 없이 훌륭하다. 전세계의 디자인 관련 서적과 잡지를 보유하고 있는 이곳의 도 서관은 늘 사람들로 붐비는데, 검색 시스템이며 휴식 공간 등의 시설이 잘 운영되고 있다. 여권이 있으면 1회 무료입장이 가능한데, 나 역시 평소에 무척 보고 싶었던 책을 발견하는 바람에 꼬박 반나절을 이곳에서 보내고 말았다.

시암센터 http://siampiwat.com  TCDC http://www.tcdc.or.th

# 그리운 그녀의 손길

방콕의 스파는 현실과 정반대에 위치한 다른 세상 같다.
오로지 진정한 휴식에만 집중하는 그곳에선 시간도, 자신도 잊게 된다.
처음 찾아간 스파&마사지샵 'DVN'은 스쿰빗의 하얀 가정집을 개조한 곳으로,
초록이 무성한 정원으로 둘러싸여 있어 들어가는 순간부터 마음이 부드러워진다.
향기 좋은 허브티를 마시고, 2시간 가량 마사지를 받고 나면 여독 같은 건
흔적도 없이 사라진다. 우아하고 나긋나긋한 마사지사,
그녀의 손길은 평생 그리울 것 같다.
DVN http://www.dvn-wellbeing.com

## Epilogue
# 다정한 쉼표, 여행의 순간

아침잠에 빠진 거리는, 어딜 가건 조용하다. 이른 아침, 거리를 걷다 보면 사람들이 하나씩 스쳐가기 시작한다. 8시와 9시 사이, 모두의 출근 시간이 된 것이다. 그들과 같은 방향으로, 때로는 반대 방향으로 걸으며 나는 낯선 사람들의 일상에서 나와의 교집합을 그려본다. 그리곤 마음속에 '여행 중'이라는 다정한 쉼표를 찍는다.

지난 7년 동안 그랬듯이, 며칠 후면 나는 또 느린 걸음으로 먼 산책을 나선다. 이번에는 기차를 타고 일본 규슈를 돌아볼지도 모르겠다. 정차할 곳은 후쿠오카, 사세보, 나가사키가 될 것 같다. 언젠가 겨울에 짧게 다녀온 적이 있지만, 여름에 만나는 규슈의 자연은 어떨지 보고 싶어서 기차 여행을 하기로 했다. 활기 넘치는 후쿠오카나 작고 정갈한 나가사키도 좋지만 도시와 도시 사이가 너른 들판으로 채워진 규슈에는 '시골'의 매력이 있다. 회전목마처럼 돌고 도는 기차를 타고 잠시 규슈를 누비면서 가장 많이 본 것도 바람에 흔들리는 대나무 숲, 추수를 끝낸 들녘, 귤나무, 그리고 단정한 농가들이었다. 청신한 초록에 둘러싸인 규슈의 여름은, 아마 아름다울 것이다.

여행은 내게 '끝나지 않는 이야기'이다. 언제라도, 어디로든 나는 늘 떠날 것이다.

# Taste &
# Information

## 좋 ▪ 아 ▪ 합 ▪ 니 ▪ 다

도쿄 네 번, 런던, 파리, 뉴욕 그리고 방콕은 아직 한 번. 여행을 떠날 때마다, 혹은 도쿄에 갈 때마다 또 가냐는 말을 종종 듣는다. 하지만 여행이란 늘 새로운 곳, 새로운 것을 좇는 것보다 좋아하는 곳에 가서 좋아하는 것을 즐기는 게 좀더 재미있다. 내가 사랑하는 도시들과의 만남이 늘수록 애착의 두께도 차근 차근 쌓여가는 게 나는 진심으로 기쁘다. 여행을 떠났다가 돌아오는 횟수가 늘면서 어느덧 도시마다 점 점이 이어지는 작은 지도를 하나씩 그리게 됐다. 뜸하게 들르는 단골이 된 기분으로 찾는 몇몇 카페, 레 스토랑, 잡화점, 미술관, 서점, 호텔 등에 관한 취향과 정보를 하나로 모았다. 런던과 파리 그리고 뉴욕 은 그곳에 오래 머무른 친구들이 즐겨 찾는 곳도 함께 들어간다.

# Favorite CAFE

**와플 카페 오렌지** Waffle Cafe Orange

날씨 좋은 오후 테라스에 자리를 잡고, 보기만 해도 시원한 망고 바나나 주스와 바삭하고 담백한 플레인 와플을 맛보면 절로 행복해지는 곳이다. 주스에 띄어주는 허브 잎은 우울과 피로를 한숨 가라앉혀준다.

A 도쿄도 세타가야구 기타자와 2-26-21 에르파시티 시모기타자와 101 T 03-5738-5320 H 정오~20시

**플레이트 오브 파이. 팝** PLATE OF PIE. POP

레트로 스타일과 모던한 디자인이 멋지게 어우러진 24시간 카페. 그랑벨 호텔 입구에 있어 간단한 아침식사를 하러 오는 손님들도 많다.

A 도쿄도 시부야구 사쿠라가오카쵸 15-17 T 03-5459-4100

**팬케이크 데이즈** Pancake Days

키치조지 골목에 자리잡은 카페로 앙증맞은 미소가 새겨진 미니 버거가 인기 만점. 주택가에 있는 만큼 한적하고 조용해서 여행의 피로를 풀거나 기분 전환하기에 그만이다. 팬케이크 데이즈 레서피 책을 출간하기도 했으며, 키치조지, 요코하마, 교토 등에 지점이 있다.

A 도쿄도 무사시노시 고텐야마 1-3-9 고텐야마 플랫맨션
T 422-42-0616 H 10시~20시 U http://www.pancakedays.jp

**챠노마** Chanoma

간판도 없고 나카메구로 역 주변 건물 6층에 숨어 있어서 찾기가 쉽지 않지만, 깔끔한 유기농 요리를 맛보고 싶다면 꼭 한번 가볼 만한 카페. 카페 안쪽으로 들어가면 테이블과 좌식 매트가 함께 어우러져 있어 이색적인 느낌을 준다. 21세기의 다실을 테마로 일본과 영국 디자이너가 함께 디자인한 곳이다.

🄰 도쿄도 메구로구 카미메구로 1-22-4 나카메구로 간교 빌딩
🅃 03-3792-9898

**델리 앤 카페** Deli & Cafe

가로수의 녹음이 울창해지는 여름, 2층에서 내다보이는 풍경이 무척이나 아름답고, 조용한 분위기가 편안한 카페. 덴엔초후 산책을 갈 예정이라면 들러서 차와 식사를 즐기기에 좋다. 덴엔초후 역 바로 맞은편에 있어서 찾기 쉽다.

🄰 도쿄도 오오타구 덴엔초후 3초메 25-17  🅃 03-3721-7951  🄷 10시 오픈

**아엔** Aen

다양한 연령대의 도쿄 여자들이 즐겨 찾는 아엔은 자연 본래의 맛을 추구하는 유기농 음식점이다. 제철에 나는 재료만을 사용해서 음식이 정말 신선하다. 창가 자리에 앉아 런치 세트를 맛본 후, 바로 앞에 있는 놀이터에서 산책하는 것도 별미다. 지유가오카 외에도 요코하마 등에 지점이 있으며, 런치타임은 11시부터 5시까지, 런치세트를 주문하면 밥과 미소시루가 함께 나온다.

🄰 도쿄도 메구로구 지유가오카 2-8-20  🅃 03-5731-8251  🄷 11시~22시  🅄 http://www.aen-shikina.jp

## A to Z cafe

도쿄 여행을 계획하는 사람이라면 한 번쯤 들어보았을 정도로 많이 알려진 'A to Z' 카페는 세계
적으로 유명한 아티스트 요시토모 나라의 작품으로 가득하다. 요시토모의 귀여운 일러스트레이션
등을 감상하는 것도 흥미롭지만, 건물 5층에 자리잡고 있어서 해질 무렵에 가면 도쿄의 색다른
석양을 맛볼 수 있다.

🅰 도쿄도 미나토구 미나미아오야마 5-8-3 equbo 빌딩 5F 🆃 03-5464-0281
🅷 11시 30분~23시 30분(휴일 전날:~새벽 4시) 🆄 http://atozcafe.exblog.jp

## 고소안 古桑庵

도쿄 여행객 사이에선 무척 유명한 전통 찻집. 다다미에 앉아 따사로운 햇살이 가득한 작은 정원
을 내다보며 일본 전통 디저트인 앙미츠와 맛차를 맛볼 수 있다. 인형 작가인 할머니가 운영하는
곳이라 실내 곳곳에 놓아둔 인형들도 재미있다.

🅰 도쿄도 메구로구 지유가오카 1-24-23 🆃 03-3718-4203 🅷 11시~18시 30분(수요일 휴무)
🆄 http://kosoan.co.jp

### 닐 스타일 카페 Nill Style Cafe

나카메구로 주택가 안쪽에 자리 잡고
있는 닐 스타일 카페는 컨트리 풍의 의
류, 액세서리, 인테리어 소품도 판매하
고 차와 쿠키도 먹을 수 있는 곳이다.
하얀 목조 건물로, 테라스와 잘 가꿔
놓은 화분들이 옹기종기 모여 있는 입
구가 시선을 끈다.

🅰 도쿄도 메구로구 아오바다이 1-15-8
🆃 03-5428-4284 🅷 정오~19시 30분
🆄 http://www.nill.co.jp/cafe.htm

# Favorite SHOP

### 포파이 카메라 Popeye Camera

가게 문을 연 지 70년이 넘을 만큼 오랜 역사를 가지고 있는 포파이 카메라는 토이, 중고, 빈티지,
즉석, 필름 카메라 그리고 여러 종류의 필름까지 카메라에 관련된 다양한 제품들을 판매한다.
여행 도중에 가져간 필름을 다 써버려서 고민하던 중 우연히 알게 된 곳이다. 필름 가격은
우리나라보다 비싸지만, 일본에서도 쉽게 구할 수 없는 카메라와 필름을 만나는 재미가 쏠쏠하다.
Ⓐ 도쿄도 메구로구 지유가오카 2-10-2 Ⓣ 03-3718-3431 Ⓤ http://popeye.jp

### 스타일즈 아디다스 온리 샵
Styles Adidas Only Shop

다이칸야마의 아디다스 매장은 오리지널 디자인
상품을 보는 즐거움도 크지만, 매장 안쪽 깊숙이
들어서면 특이한 아이디어 제품들이
눈길을 끈다. 벽면은 마치 앤디 워홀의 작품들로
가득한 갤러리처럼 보일 정도로 '팝'하다.
Ⓐ 도쿄도 시부야구 사라가쿠 11-8 메종다이칸야마 1F
Ⓣ 03-6415-7722
Ⓤ http://www.styles-ad.jp/shop.html

### 샹브르 드 님 Chambre de Nîmes

영국을 비롯한 유럽 각국의 앤티크 가구와 잡화를 두루 갖추고 있는 가구점. 무겁지 않은 느낌의
고가구나 소품들이 볼 만하다.
Ⓐ 도쿄도 메구로구 시모메구로 5-2-16 Ⓣ 03-5725-1456 Ⓤ http://chambre.innocent.co.jp

### 스튜디오 클립 Studio Clip

에비스 골목 주택가에 위치한 '스튜디오 클립'은 심플하면서 소박한 잡화와 옷들이 지하 1층부터 2층까지 가득하다. 작은 소품 하나까지 큰 즐거움을 주는 곳.

Ⓐ 도쿄도 시부야구 에비스 미나미 1-20-9
Ⓣ 03-5725-7722
Ⓤ http://www.studio-clip.co.jp

### 모모 내추럴 Momo-Natural

생활을 가꾸고 싶어하는 여자들의 로망을 실현시켜주는 잡화점. 지유가오카에 자리잡은 매장 어느 코너를 찍어도 훌륭한 그림이 나오는 모모 내추럴에는 파리를 비롯해 프랑스 각지에서 사랑받는 스타일의 디저트 잔, 다양한 플라워 패턴의 매트, 빈티지한 느낌이 물씬 풍기는 두툼한 유리 소재의 볼과 접시, 여러 스타일의 포크와 수저 세트 등이 가득하다.

Ⓐ 도쿄도 메구로구 지유가오카 2-17-1 1F Ⓣ 03-3725-5120 Ⓗ 11시~20시
Ⓤ http://www.momo-natural.co.jp

### 시보네 Cibone

일본의 라이프 스타일을 이끌어가는 유명 디자인 제품으로 가득한 셀렉트샵. 이곳에 가면 눈 앞에 있는 모든 물건을 갖고 싶어진다. 그만큼 센스 넘치는 셀렉션이 돋보이는 곳. 1층은 독특한 아이디어 제품들, 의류, 소품, 주방용품, 문구부터 티볼리 오디오, 월페이퍼의 시티 가이드 시리즈까지 폭넓은 구성을 자랑한다. 높은 천장과 통유리가 시원한 2층은 가구와 패브릭 제품이 많다.

Ⓐ 도쿄도 메구로구 지유가오카 2-17-8 Ⓣ 03-5729-7131 Ⓗ 11시~21시
Ⓤ http://www.cibone.com

**라 에피스** Le Epice

'모다moda'의 오리지널 상품이 메인이며,
독특한 액세서리와 골동품을 구비하고
있는 5평 정도의 작은 잡화점. 구석구석
아기자기하게 잘 꾸며놓아 쇼핑은 물론
구경하기에도 부족함이 없다.
🅰 도쿄도 메구로구 메구로 4-11-5
🆃 03-5725-9697
🆄 http://www.moda-inc.com

**마이스터** Meister

모던하고 미니멀한 디자인의 가구가 많은
샵. 가구뿐만 아니라 각종 소품도
깔끔하고 심플한 것들로 구비해놓아서
쇼핑하기 무척 편리하다.
🅰 도쿄도 메구로구 메구로 4-11-4
🆃 03-3716-2767
🆄 http://meister-mag.co.jp

**샹파뉴** Champagne

유럽에서 인기 있는 오리지널 식기, 앤티크
법랑이나 수예용품, 린넨 유의 패브릭, 소박한
감촉의 가구 등 셀렉션이 훌륭한 잡화점.
상품 소개, 인테리어 및 코디네이트 방법,
요리 레서피, DIY 등의 내용이 담긴 책
『campagne book』을 출간하기도 했으며,
바로 옆에 담백한 프랑스식 요리를 즐길 수
있는 '비스트로 샹파뉴'도 있다.
🅰 도쿄도 시부야구 에비스 미나미 3-2-16-102
🆃 03-5720-3510
🆄 http://www.campagne.info

**브런치** Brunch

내추럴한 스타일이 어른스러우면서도, 귀여운 포인트를 살린 잡화와 가구들을
판매하는 인테리어샵. 메구로 거리에만 각각 다른 스타일의 지점 다섯 개가 있다.
🅰 도쿄도 메구로구 시모메구로 5-1-13 미칸 1-2F 🆃 03-5773-8299
🅷 11시~19시 🆄 http://www.brunchone.com/brunch/

파이렉스 식기와
양가죽 슬리퍼

폴 스미스 목도리와 손수건

color **dot** magnets

땡땡이 마그넷

A.P.C 목걸이

애나멜 주전자와 쿠션

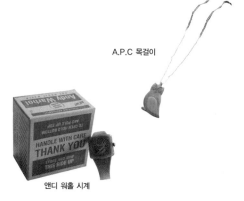

앤디 워홀 시계

## 도쿄의 가볼 만한 샵

카메라 캬바레 Camera cabaret  http://www.superheadz.com/cabaret/
제네럴 스토어 general store  http://www.rakuten.co.jp/generalstore/info.html
두 디망시 doux dimanche  http://www.2dimanche.com
셈프레 Sempre  http://www.sempre.jp
미드 센츄리모던 Mid-Centurymodern  http://www.mid-centurymodern.com

# Favorite HOTEL

**클라스카 호텔** Claska Hotel

도쿄의 호텔 시스템은 규격화되어 있다. 특히 여행사에서 항공권과 연계한 상품으로 구성되는 호텔들은 위치에 상관없이 사양이 거의 동일하다. 거기에서 벗어나고 싶다면 작은 디자인 호텔을 찾는 것도 방법이다. 때로 약간의 수고를 감수하면 여행이 좀더 즐거워진다. 메구로 역에 위치한 부티크 호텔 클라스카의 객실은 'Japanese Modern, Tatami, Weekly residence' 이렇게 세 가지 다른 타입으로 디자인되어 있다. 다다미건, 레지던스 룸이건 어느 타입이나 디자인의 배려를 충분히 누릴 수 있다. 1층 로비에는 사진과 예술 관련 서적들이 비치되어 있고, 외출할 때 자전거 대여도 해준다.

Ａ 도쿄도 메구로구 츄오쵸 1-3-18 Ｔ 03-3719-8121 Ｕ http://www.claska.com

**오크우드 신주쿠** Oakwood Shinjuku

도쿄에 장기간 머무를 때 편리하게 이용할 수 있는 호텔. 일종의 레지던스 호텔로 조리 도구를 비롯해 생활에 불편함이 없도록 시설이 잘 되어 있으며, 가격도 그리 부담스럽지 않은 편이다. 여행 마지막 날 엄청나게 쏟아지던 비에 당황하던 나에게 우산을 대신 씌워주며 택시까지 잡아주던 직원의 친절함도 기억에 남는다. 32층 라운지에서는 저렴하게 음료를 즐길 수 있고, 멀리 모리타워와 도쿄타워 등이 한눈에 들어오는 전망이 시원하다.

Ａ 도쿄도 신주쿠구 니시신주쿠 7-5-9 Ｔ 03-5338-3131 Ｕ http://www.oakwood.com

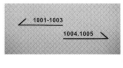  

**그랑벨 호텔** Granbell Hotel

스타일과 실용성을 동시에 잡고 싶다면, 홀로 여유로운 시간을 보내고 싶다면, 시부야의 한적한 골목에 있는 그랑벨 호텔도 괜찮다. 사람들로 가득한 시부야 중심가에서 벗어나 조용한 주택가에 자리잡은 이 호텔은 뭐든지 작디 작다. 특히 싱글 룸은 상상을 초월할 정도로 좁지만, 창문 너머로 보이는 풍경은 정말 근사하다.

Ａ 도쿄도 시부야구 사쿠라가오카쵸 15-17 Ｔ 03-5457-2681 Ｕ http://www.granbellhotel.jp

# Favorite **MARKET**

주로 주말에 열리는 런던의 벼룩시장과 각종 마켓은 저마다 비슷하면서도 다르다. 때문에 관심과 취향을 고려한 선택은 필수다. 앤티크, 고서적 등을 보고 싶으면 포르토벨로 마켓으로, 풍성한 식재료와 음식으로 넘쳐나는 재래시장을 돌아보려면 버로우 마켓으로, 기발하거나 재미있는 디자인 물건을 고르고 싶다면 브릭레인으로, 화사한 꽃을 잔뜩 보고 싶다면 콜롬비아 로드 플라워 마켓으로 가는 식이다. 런던의 주말 시장은 관광객과 현지인들이 뒤섞여 종종 정신을 차리기가 어려울 정도로 복잡하지만, 피로와 흥분을 동시에 맛볼 수 있다.

### 포르토벨로 마켓 Portobello Market

매주 토요일에 열리는 포르토벨로 마켓은 오랜 시간 한 자리를 지켜온 상인들이 많아, 엄청나게 다양한 골동품, 고서적 등을 만날 수 있다. 런던 최고의 앤티크 마켓답게 물건들은 하나같이 손질이 잘 되어 있어서 바로 사용하기에 무리가 없는 것들도 많다. 장이 열리는 토요일에는 주택가의 좁은 거리가 사람들로 발 디딜 틈이 없을 정도로 붐비고, 골목길 곳곳엔 아기자기한 액세서리, 포스터, 오래된 카메라 등이 즐비하다. 거리의 악사는 관객이 있건 없건 흥에 겨워 연주를 하고, 덕분에 생기가 넘치는 거리 여기저기에선 으레 그렇듯 1파운드만 깎자는 흥정이 벌어진다.
🅰 111 Portobello Road London W11 2QB UK 📞 020-7229-8354 🄷 8시~16시
🅄 http://www.portobelloroad.co.uk

### 버로우 마켓 Borough Market

목, 금, 토 3일 동안만 열리는 버로우 마켓은 주로 현지인들이 신선한 음식 재료를 구입하기 위해 찾는 재래시장이다. 치즈, 올리브, 허브, 과일이나 채소, 고기 등뿐만 아니라 신선한 재료로 바로 만들어주는 샌드위치, 갓 구운 케이크와 파이 등을 맛볼 수 있다. 원초적인 시장의 매력이 넘쳐 흐르는 곳으로 점심을 해결하러 온 근처 직장인들, 장을 보러온 런던 주민들, 그리고 관광객이 뒤섞여 길게 줄을 서는 것은 기본이다.
🅰 8 Southwark St. London SE1 1TL UK 📞 020-7407-1002
🅄 11시~17시(목), 정오~18시(금), 9시~16시(토) 🄷 http://www.boroughmarket.org.uk

### 캠든 패시지 마켓 Camden Passage Market

런던의 과거로 시간여행을 온 듯한 분위기의 조용한 시장. 주말에도 비교적 여유 있게 즐길 수 있으며, 40여 년의 역사를 가진 만큼 진짜배기 앤티크 물건을 만날 수 있다.
🅰 Upper St. London N1 8EF UK 📞 020-7359-0190
🅄 http://www.camdenpassageislington.co.uk

### 캠든 마켓 Camden Market

펑크 문화의 출발점이라 할 수 있는 캠든 지역은 개성이 워낙 강렬해서 이곳에 열광하는 사람들과 싫어하는 사람들이 확실히 나뉘는 편이다. 펑크, 고딕 스타일의 아이템이 주를 이루고 있는데, 그런 스타일에 관심이 없더라도 영국의 펑크 문화가 어떤 식으로 표현되고 있는지 즐기기에 좋다.
🅰 Camden High St. London NW1 UK 📞 020-7974-5974 🄷 10시~18시
🅄 http://www.camdenlock.net

### 콜롬비아 로드 플라워 마켓 Columbia Road Fower Market

이스트엔드에 자리잡은 꽃 도매시장. 정원과 공원을 유난히 사랑하는 런던 사람들 덕분에 이 도시에 오면 꽃을 대하는 태도가 조금씩 변하게 된다. 보기만 해도 신선하고 어여쁜 꽃다발을 사서 호텔 방에 꽂아두는 게 부질없는 짓이라고 생각되지 않는 것이다.
🅰 Columbia Road London E2 7RG UK 📞 020-7377-8963 🄷 8시~14시, 일요일과 크리스마스 휴무

### 코벤트 가든 마켓 Covent Garden Market

예전엔 수도원이었지만 이젠 런던의 중심지로 자리잡은 코벤트 가든을 대표하는 시장. 액세서리와 소품 등을 판매하는 '애플 마켓', 수공예품, 잡화, 앤티크들을 파는 '주빌리 마켓' 그리고 구제옷, 빈티지 제품을 파는 상점, 노점 카페 등이 있다. 특히, 식재료 도매시장 뉴 코벤트 마켓은 800년의 역사를 지닌 곳답게 엄청난 규모를 자랑한다. 영국 사람들의 먹거리를 보고 싶다면 아침 일찍 가볼 만하다.
🅰 New Covent Garden Market London SW8 5NX 📞 020-7720-2211
🄷 새벽 3시~11시(월~금), 새벽 4시~10시(토) 🅄 http://www.newcoventgardenmarket.com

# Favorite **SHOP**

**어반 아웃피터스** Urban Outfitters
사이트 디자인부터 가벼운 옷가지까지 특유의 선명한 색감과 패턴이 마음에 들어 무척 좋아하는
멀티 샵. 런던에 오면 꼭 들러야지 하고 별렀던 만큼 찾아간 보람이 있는 곳이다. 의류를 비롯해,
소품, 책 등 잘 골라온 물건들로 가득하다.
🏠 200 Oxford St. London W1 UK ☎ 207-907-0815 🌐 http://www.urbanoutfitters.co.uk

**카나비 스트리트** Carnaby Street
런던 패션의 중심가로 명성이 높은 카나비 스트리트는 예전에 비해 많이 퇴색했지만 근사한 샵들이
여전히 많다. 특히 일종의 오픈된 쇼핑몰이라 할 수 있는 '킹리 코트Kingly Court'에는 유명한
빈티지 샵, 작은 갤러리, 편물점 등이 나란히 들어서 있어 윈도 쇼핑하기에도 좋다.
🏠 Carnaby St. London W1F UK ☎ 020-7222-1234 🕐 10시~19시(월~토), 정오~18시(일)
🌐 http://www.carnaby.co.uk

**도버 스트리트 마켓** Dover Street Market
유명 브랜드 '꼼데가르송comme des garçons'의
디자이너 가와쿠보 레이가 만든 콘셉트 스토어로
런던에 가면 꼭 한번 들러볼 만한 곳이다.
하이드 파크 동쪽 도버 스트리트에 있는
이 샵은 꼼데가르송처럼 전위적이고 개성 넘치는
디스플레이가 강렬한 인상을 남긴다.
🏠 17-18 Dover St. London W1S 4LT
☎ 020-7518-0680
🕐 11시~18시(월~수), 11시~19시(목~토)
🌐 http://www.doverstreetmarket.com

### 콘랜샵 Conran Shop

옥스퍼드와 리젠트 스트리트를 중심으로 길게 뻗어 있는 센트럴 런던은 런던에서 가장 유명한 쇼핑 명소 중 하나다. 특히 메릴번 하이스트리트 끝에 위치한 인테리어 상점 '콘랜샵'은 제이미 올리버도 즐겨 찾는 곳으로 엄청나게 다양한 물건들을 갖추고 있다. 각 층별로 부엌, 욕실 등의 공간을 주제로 디스플레이를 해놓았으며, 부담 없이 살 수 있는 작은 사이즈의 인테리어 제품들도 많아서 쇼핑하기에도 편리하다.

🏠 55 Marylebone High St. London W1U 5HS
☎ 020-7723-2223
🕐 10시~18시(월·화·토), 10시~19시(수·목)
　　10시~18시 30분(금), 정오~18시(일)
🌐 http://www.conran.com

### 마그마 Magma

디자인 공부를 하는 사람이라면 코벤트 가든 근처에 있는 그래픽 서점 '마그마'에 대해 종종 들어보았을 것이다. 규모는 크지 않지만 디자인 관련 신간서적들이 가장 빨리 들어오는 곳이라 최신 정보를 접할 수 있다. 일본 풍의 곱고 예쁜 팬시 상품을 주로 판매하는 '마그마샵'도 함께 운영하고 있는데, 독특하고 작은 소품들이 많아서 여행 기념선물을 사기에도 좋다.

🏠 8 Earlham St. Covent Garden London WC2H 9RY ☎ 020-7240-8498
🕐 10시~19시(월~토), 정오~18시(일) 🌐 http://www.magmabooks.com
마그마샵 🏠 16 Earlham St. Covent Garden London WC2H 9LN ☎ 020-7240-7571

### 포프 Fopp

HMV에서 최근 몇몇 매장만 인수해서 다시 오픈한 음반 매장. 독특하고 다양한 CD, DVD, 책을 파격적인 가격으로 판매한다. 매주 디스플레이가 바뀌는 것도 참신하고, 음악과 영화 코너에서는 특히 비슷한 스타일의 영화와 음악을 함께 구비해놓아 쇼핑하기에도 편리하다.

🏠 1 Earlham St. Covent Garden 1 London WC2H 9RY ☎ 020-7379-0883
🌐 http://www.fopp.com

### 런던 그래픽 센터
London Graphic Centre

코벤트 가든 역 근처에 있는 런던 그래픽 센터는 각종 미술용품들을 구입할 수 있는 곳이다. 천막과 타이어를 재활용해 만들어 디자이너들 사이에서 엄청난 인기를 끌었던 프라이탁 가방을 파는 곳으로도 유명하다. 2층에서는 디자인 서적이나 잡지들 혹은 구하기 힘든 디자인 용품들도 볼 수 있다.

A Covent Garden Flagship Store
16~18 Shelton St. Covent Garden
London WC2H 9JL
T 020-7759-4500
H 10시~18시 30분(월~금),
　　10시 30분~18시(토), 정오~17시(일)
U http://www.londongraphics.co.uk

### 레이버 앤드 웨이트 Labour And Wait

유럽의 전통을 간직하고 있는 앤티크 가구나 빈티지 소품들은 영국에서도 늘 핫한 관심의 대상이다. 이스트엔드 같은 동네를 돌아다니다 보면 유행을 타지 않는 인테리어 소품을 파는 샵들을 몇 군데 발견할 수 있다. 그 중 하나가 '레이버 앤드 웨이트'인데, 위트가 넘치는 진귀한 물건들을 구할 수 있으니, 관심이 있다면 꼭 한번 들러볼 것.

A 18 Cheshire St. London E2 6EH
T 020-7729-6253
H 13시~17시(토), 10시~17시(일)
U http://www.labourandwait.co.uk

### 더 그로서리 The Grocery

런던 사람들의 유기농 식품에 대한 관심도는 무척 높다. 특히 젊은 층이 칼로리가 낮은 동양 음식에 관심이 많은데, '더 그로서리'는 그런 사람들의 취향을 적극적으로 반영한 슈퍼마켓이다. 유기농 재료를 사용하는 작은 레스토랑도 직접 운영하고 있어서, 상점 한 켠에서 샌드위치 등을 먹을 수도 있다. 야채나 과일들은 신선한 만큼 유통기한이 무척 짧으니까 사서 바로 먹는 것이 좋다.

A 54~56 Kingsland Road Shoreditch London E2 8DP　T 020-7729-6855　H 8시~22시
U http://www.thegroceryshop.co.uk

**선데이업 마켓** Sunday Up Market

언제나 런던의 젊은이들로 붐비는 거리 브릭레인에는 주말에 열리는 로드마켓을 비롯해
다양한 벼룩시장이 있다. 선데이업 마켓은 주로 젊은 디자이너들이 직접 만든 여러 가지 물건을
파는 시장으로 일요일 하루만 열린다. 마켓 주변에서는 다양한 나라의 음식을 맛볼 수 있는
푸드 마켓도 함께 열린다.

🅰 Ely's Yard (entrances on Brick Lane & Hanbury St. The Old Truman Brewery London E1
🆃 020-7770-6100 🆄 10시~17시(일) 🆄 http://www.sundayupmarket.co.uk

**SCP**

올드 스트리트에 있는 인테리어샵.
가격대가 비교적 높은 편이지만
운이 좋으면 영국의 유명한 가구 디자이너,
제품 디자이너들의 작품들도 구입할 수 있다.
선물용 디자인 제품들을 사기에도 좋은 곳.
🅰 135-139 Curtain Road London EC2A 3BX
🆃 020-7739-1869
🅷 9시 30분~18시(월~토), 11시~17시(일)
🆄 http://www.scp.co.uk

**셀프** Shelf

금요일부터 일요일까지 딱 3일만 오픈하는
보물 같은 디자인샵. 브릭레인의 골목길에
자리잡은 이 가게는 쉽게 구하기 어려운
희귀하고 재미있는 제품들로 가득해서
구경하는 것만으로도 배가 부르다.
🅰 40 Cheshire London E2 6EH
🆃 020-7739-9444
🅷 13시~18시(금 · 토), 11시~18시(일)
🆄 http://www.helpyourshelf.co.uk

# Favorite **MUSEUM**

**테이트 모던** Tate Modern

템스 강변의 멈춰선 화력 발전소에
들어선 '테이트 모던'은 현대
미술관이라기엔 너무 거대하고
투박하다. 물론 그 갭조차 세련된
위트로 여겨질 정도로 테이트 모던은
매력적인 곳이다. 실험을 거듭하는 건
현대의 아티스트들뿐만 아니라,
미술관 자체도 마찬가지라는 걸
슬며시 웅변하고 있는 셈이다. 마음
내키면 언제든 찾아오라는 듯 영국의
여느 미술관과 마찬가지로 무료
입장이다(특별전은 제외). 지금 이
시대의 미술뿐만 아니라, 전반적인
문화 모두를 즐기기에 부족함이 없는
공간 구성과 분위기는 정말 일품이다.

🅐 Bankside London SE1 9TG

🆃 020-7887-8888

🅷 10시~18시(일~목), 10시~22시(금 · 토)

🆄 http://www.tate.org.uk

테이트 모던은 기본적으로
무료 입장이지만 내부 곳곳에 위트가
돋보이는 모금함이 있다

**디자인 뮤지엄** Design Museum

템스 강변에 자리잡은 디자인 뮤지엄은 새하얀 외관 때문에 멀리서부터 눈에 띈다. 규모는 소박
하지만, 유리벽면을 수놓은 각종 타이포그래피, 창의성이 넘쳐 흐르는 작품들, 독특한 소품과 집
기들, 아이디어 제품들, 그것보다 더 튀는 디스플레이 등 무엇 하나 대수롭게 넘길 수가 없다. 뮤
지엄 근처 강변 골목엔 역시 아이디어로 무장한 샵들이 숨어 있다.

Ⓐ 28 Shad Thames, London Ⓣ 020-7403-6933 Ⓗ 10시~17시 45분
Ⓤ http://www.designmuseum.org

# Favorite STREET

**런던 브리지** London Bridge

런던의 대표적인 관광명소이자, 집값 비싸기로 유명한 1존에 위치한 런던 브리지. 이 동네의 가장 큰 매력은 테이트 모던이나 디자인 뮤지엄 등 다양한 문화시설이 가까이 있다는 점이다. 런던 브리지 근처의 미술관이나 갤러리를 둘러볼 계획이라면, 우선 휴일과 오프닝, 클로징 시간을 미리 체크하는 건 기본이다. 휴식이 필요하면 템스 강을 따라 조용히 걷는 것도 좋다. 운이 좋으면 거리 공연을 볼 수도 있고, 특히 초여름의 기운이 느껴지는 5월 즈음에 강가를 산책하다가 근처 버로우 마켓에서 맛있는 샌드위치를 사서, 테이트 모던 앞에 앉아 피크닉을 즐기는 건 런던 사람들이 흔히 즐기는 코스 중 하나.

**이스트엔드** Eastend

이스트엔드는 디자인이나 음악, 패션에 관심 있는 사람들이라면 꼭 들러야 하는 동네. 노천 카페에 앉아 있는 사람들의 면면도 독특하고, 다양한 문화가 뒤섞이면서 다른 곳에선 볼 수 없는 이곳만의 분위기를 풍긴다. 특히 매주 일요일마다 열리는 마켓은 그냥 돌아보는 것만으로도 흥겹고 즐겁다. 덤덤하고 멋 부리지 않은 카페들과 마켓 사이를 떠도는 활기는 잊을 수 없는 경험. 타인의 시선을 전혀 의식하지 않는 패션 피플들을 감상할 수도 있고, 진짜 인도 커리를 맛볼 수도 있다.

aris

# Favorite CAFE

### 카페 보부르 Cafe Beaubourg
퐁피두 센터 광장 바로 앞에 있어서 여행자들의 발걸음이 끊이지 않는다. 모던하고 깔끔한 분위기도 즐겨보고, 입술 모양의 의자에 앉아 커피를 마시고, 광장에서 벌어지는 행위예술을 구경하면서 잠깐의 여유를 만끽하기에 좋다.
A 100 rue Saint-Martin Paris　T 01-48-87-63-96　H 8시~새벽 1시(일~목), 8시~새벽 2시(금·토)

### 레노마 카페 Renoma Café Gallay
디자이너 모리스 레노마가 인테리어를 한 레노마 카페는 상젤리제 거리 안쪽에 있다. 포토 갤러리에서 사진을 감상할 수도 있고, 각종 예술 서적이 비치되어 있어서 쉬엄쉬엄 보기에 편하다.
A 32 avenue George v. Paris　T 01-56-88-58-45
U http://www.renoma-cafe.com

### 카페 에티엔 마르셀 Cafe Etienne Marcel
티케톤Tiquetonne 거리와 에티엔 마르셀 거리의 교차점에는 유명한 카페 두 곳이 있다. '르 카페'와 '카페 에티엔 마르셀'이다. 그중 카페 에티엔 마르셀은 호사스런 부티크 호텔 갑부이자 현재 11집까지 나온 스테판 폼푸냑의 컴필레이션 앨범 〈Hotel Costes〉의 장본인 코스테즈 형제가 만든 카페 겸 레스토랑이다. 이 카페는 70년대를 완벽히 재현한 인테리어가 일품인데, 특히 M&M, 필립 파레노, 피에르 위게, 안나 레나 바니 등의 작품들과 소품들이 볼 만하다. 가격대가 상당히 높은 곳이므로, 들어갈 때에는 심호흡이 한 번 필요하다.
A 34 rue Etienne Marcel 2e　T 01-45-08-01-03　H 8시~새벽 2시

### 몽마르트르 언덕의 노천 카페들
몽마르트르 언덕길에 있는 노천 카페들은 대부분 평범하지만, 오래 그 자리에 있었다는 것을 알 수 있을 정도로 시간이 차곡차곡 쌓여 있다. 언덕에서 내려오다가 노천 카페에 앉아 음료를 홀짝이는 사람들 사이에 섞여 맥주 한 잔을 마시면 가슴 깊숙이 시원해진다.

# Favorite SHOP

**낫소빅** notsobig

티케톤 거리로 들어서면 가장 먼저 눈에 띄는 샵. 아이들의 옷가지와 소품, 인형 등을 판매하는데 가수 비욕이 파리에 오면 매번 이 샵에 들러 딸을 위한 쇼핑을 하고 간다고. 가격대는 상당히 높은 편이지만, 아이에게 독특하고 개성적인 선물을 하고 싶다면 들러볼 만하다.

ⓐ 38 rue Tiquetonne 75008 Paris Ⓣ 01-42-33-34-26
Ⓗ 11시~20시 Ⓤ http://www.notsobig.fr

**코콘투자이** Kokon To Zai

'낫소빅' 옆에 있는 이 재미난 샵은 처음 보면 부담스럽지만 특별한 스타일을 연출하고 싶을 때 활용하면 딱 좋은 액세서리와 의류 등을 판매한다. 디스플레이는 비정기적으로 자주 바뀌는데, 발상이 워낙 독특하고 발랄해서 지나갈 때마다 시선을 빼앗기고 만다.

ⓐ 48 rue Tiquetonne 75002 Paris
Ⓣ 01-42-36-92-41
Ⓗ 11시 30분~19시 30분(월~토)
Ⓤ http://www.kokontozai.co.uk

**킬리와치** Kiliwatch

엄청나게 유명하고 큰 구제샵. 입구에는 'Ofr'이라는 이름의 서점이 있는데, 주로 그래픽 디자인, 패션, 사진 분야의 책을 갖추고 있다. 아무리 오래 서서 책을 보아도 누구 하나 눈치 주는 법이 없다. 가게 안으로 들어가면 드넓은 공간이 펼쳐진다. 가죽, 밀리터리룩을 비롯한 구제 옷가지들로 가득 차 있는데, 이곳에서 쇼핑에 몰두하다 보면 반나절은 후딱 지나가버린다.

ⓐ 64 rue tiquetonne 75002 Paris
Ⓣ 01-42-21-17-37
Ⓗ 14시~19시(월), 11시~19시(화~토)
Ⓤ http://espacekiliwatch.fr

# Favorite **BOOKSTORE**

**아르타자르** Artazart

파리 시내의 높은 집값을 피해 예술인들이 모여 살기 시작하면서 작은 서점, 아기자기한 카페, 상점들이 늘어난 생마르탱 운하를 따라 걷다 보면, 오렌지 색의 외관이 상큼한 디자인 전문 서점 '아르타자르'가 나타난다. 작고 아담한 서점 안에는 전 세계에서 모아온 그래픽 디자인책, 미술책, 사진집 그리고 아이디어 제품들로 가득하다. 입구에 있는 갤러리에선 늘 소규모 전시가 열린다.

🄰 83 quai de Valmy 75010 Paris 🅣 01-40-40-24-00
🄷 10시 30분~19시 30분(월~금), 14시~20시(토 · 일) 🅤 http://www.artazart.com/fr

**타셴 스토어** TASCHEN Store

세련되고 파격적인 디자인으로 유명한 예술서적 전문 출판사인 '타셴'이 생제르맹 거리에 오픈한 서점. 디자이너 필립 스탁이 실내 디자인을 해서 한층 더 유명한 곳으로, 서울에서도 타셴 서적은 얼마든지 구할 수 있다고 지나치면 손해다. 가격도 서울에서 사는 것보다는 저렴하고, 무엇보다 필립 스탁의 디자인은 눈으로 직접 감상해볼 가치가 있다.

🄰 2 rue de Buci Paris 🅣 01-40-51-79-22
🄷 11시~20시(월~목), 11시~자정(금 · 토) 🅤 http://www.taschen.com

**팔레 드 도쿄 서점** Palais de Tokyo

실험정신이 가득한 전시를 주로 하는 팔레 드 도쿄 입구에는 작지만 개성 강한 서점이 있다. 갤러리 성격에 맞게 각종 예술서적들과 아이디어 제품들이 가득하다.

🄰 13 avenue du Président Wilson 75116 Paris 🅣 01-47-23-54-01
🅤 http://www.palaisdetokyo.com

**셰익스피어 앤 컴퍼니** Shakespeare and Company

영화 〈비포 선셋〉의 첫 장면에도 나온 유명 서점 셰익스피어 앤 컴퍼니는 노트르담 성당 건너편에 있다. 발걸음을 옮길 때마다 낡은 나무 바닥이 삐거덕거리고, 먼지가 가득한 책 사이로 파리의 지나간 시간이 두텁게 쌓여 있는 곳. 굳이 책을 보지 않더라도 한시름 놓고 천천히 둘러보기에 좋다.

🄰 37 rue de la Bucherie Latin Quarter 75005 Paris 🅣 01-43-25-40-93 🄷 10시~23시
🅤 http://www.shakespeareco.org

**아술랭** Assouline

패션, 인테리어, 예술 전문 출판사인 아술랭에서 직접 운영하는 서점으로 아술랭만의 개성이 묻어나는 독특한 서적과 소품을 판매한다. 한 번 들어가면 좀처럼 빠져나올 수 없을 정도로 매력적인 서점.

🄰 35 rue Bonaparte 750006 Paris 🅣 01-43-29-23-20 🅤 http://www.assouline.com

# Favorite MUSEUM

**퐁피두 센터** Centre Pompidou

엄선된 기획전시, 최신의 책과 아이디어 상품으로 채워진 디자인 샵과 서점, 광장 앞에서 끊임없이 펼쳐지는 행위예술, 스카이라운지의 전망 등 굳이 미술이나 디자인에 관심이 없더라도 퐁피두 센터 는 누구에게나 매력적인 놀이터다. 처음 이곳에 가면 전시 등의 콘텐츠보다는 센터 외관과 공간에 관심이 쏠린다. 파이프가 어지럽게 교차되는 외관, 드높은 천장, 독특한 인테리어, 입장 티켓, 사인, 서점 공간, 의자, 계단 등 센터 자체가 곧 하나의 디자인 작품이나 마찬가지라서 전시보다는 센터를 둘러보는 데 많은 시간을 보내게 된다. 특히 가장 아름다운 파리 전경을 즐길 수 있는 6층의 전망대 는 퐁피두 센터의 백미다.

🅰 Place Georges Pompidou 75004 Paris 📞 01-44-78-12-33 🕐 11시~21시
🆄 http://www.centrepompidou.fr

**팔레 드 도쿄** Palais de Tokyo

일본 스타일을 바라보는 프랑스의 시선이 얼마나 흥미롭고 색다른지도 볼 수 있고, 평일 밤 12시까지 여는 파격적인 시간 운용 등 여러모로 개성이 넘치는 곳. 갤러리 앞 광장에는 젊은이들이 보드를 타기 위해 모여들고, 저녁에는 히피처럼 차려 입은 젊은이들이 1층의 라운지 레스토랑 '도쿄잇'을 찾는다. 이른 아침에 가면 잠자리를 막 정리하는 중인 노숙자들도 볼 수 있고, 언제 가도 자유로운 에너지가 넘치는 곳이다.

Ⓐ 13 avenue du Président Wilson 75116 Paris Ⓣ 01-47-23-54-01 Ⓗ 정오~자정(화~일)
Ⓤ http://www.palaisdetokyo.com

# Favorite CAFE

**엘 바이트** El Beit

윌리엄스버그의 베드포드 거리는 언제 가도 커피 향이 느껴질 정도로 카페가 많다. 많은 카페 중 엘 바이트에 눈길이 간 건 유난히 웃음소리가 큰 사람들이 모여 수다를 떨고 있었기 때문이다. 카페 안쪽에는 서너 개의 테이블이 있는 작은 마당이 있어서, 날씨 좋은 날 햇빛을 즐기기에 좋다. 단골손님들의 모임이 끝나면 엘 바이트는 여느 카페가 그렇듯, 책을 읽거나 노트북을 들고 나와 글을 쓰거나, 창 밖을 바라보며 커피를 마시는 사람들이 조용히 자리를 채우고 있는 평범한 카페로 돌아간다.

A 158 Bedford Ave.(between 8th & 9th St.) Brooklyn NY 11211  T 718-302-1810

**에피스트로피** Epistrophy

주로 이탈리아 출신의 사람들이 모여 사는 노리타에는 낮은 건물들 사이의 골목마다 자그마한 샵과 카페들이 모여 있다. 그 골목 언저리에 있는 에피스트로피는 그야말로 동네 카페다. 공간과 사람들이 자연스럽게 하나로 묶이는 정겨움이 좋다.

A 200 Mott St.(between Kenmare & Spring St.) NY  T 212-966-0904
U http://www.epistrophycafe.com

**커뮤티니** Communitea

유명한 TV 시리즈 〈가십걸〉에 등장했던 카페 커뮤니티는 호기심에 주소를 검색해 찾아가본 곳이다. 11월의 날씨만큼이나 을씨년스러운 롱아일랜드 시티의 산업단지 근처에 있어서 가기가 쉽지는 않지만 차분한 분위기가 좋다.

A 47-02 Vernon Blvd Long Island City NY 11101  T 718-729-7708
U 7시~20시(월~금), 9시~18시(토 · 일)

**아브라코** Abraco

2평 남짓 될까? 테이블을 놓을 수 없을 정도로 좁은 아브라코는 1미터 정도의 바가 2개, 카페 밖의 벤치 하나가 전부다. 좁기도 하지만, 워낙 사람들이 수시로 드나들어서 아브라코엔 늘 자리가 없다. 그래도 사람들은 산뜻한 오렌지 색 벤치 주변에 모여 자기 차례를 기다린다.

🄰 86E 7th St.(between 1st & 2nd Ave.) NY 🅣 212-388-9731
🄷 8시~18시(화~토), 9시~18시(일) 🅤 http://www.abracony.com

**카페 그럼피** Cafe Grumpy

첼시의 조용한 주택가에 자리잡고 있는 카페 그럼피는 아늑하고 편안한 동네 사랑방 역할을 한다. 카페 앞에 놓인 벤치에서는 주로 혼자 온 사람들이 책을 읽거나 느긋하게 커피를 마신다.

🄰 224 West 20th St.(between 7th & 8th Ave.) NY
🅣 212-255-5511 🄷 7시~21시(월~금), 8시~21시(토 · 일)
🅤 http://www.cafegrumpy.com

**머드** Mud

이스트 빌리지의 작은 디자이너 샵과 갤러리들이 옹기종기 모여 있는 거리에 있는 작은 카페. 안쪽에는 혼자 온 사람들을 위한 작은 바가 있고, 더 깊숙한 곳으로 들어가면 손바닥 만한 정원이 나타난다. 저렴하고 질 좋은 커피 맛도 잊을 수 없다. 특히, 거리를 오가며 커피를 파는 머드의 주황색 자동차는 이스트 빌리지의 명물 중 하나이다.

🄰 307 East 9th St. NY 🅣 212-228-9074
🄷 8시~자정(월~금), 9시~자정(토 · 일)
🅤 http://www.themudtruck.com

**덤보 제너럴 스토어 카페** DUMBO General Store Cafe & Bar

한적하게 비어 있을 때 가장 멋진 덤보 제너럴 스토어 카페는 구석구석 세월의 흔적을 품고 있는 곳이다. 벽면의 큰 거울과 조명 아래 홀로 앉아 맥북을 들여다보고 있던 남자마저 그림처럼 보일 정도로 매력적인 공간. 커피와 파니니를 맛본 후, 카페 한쪽에 진열되어 있는 티볼리 소품을 보는 것도 즐겁다.

🄰 111 Front St. DUMBO Brooklyn NY
🅣 718-855-5288
🅤 http://www.dumbogeneralstore.com

## 팟엉크 Podunk

동화 속 주인공 같은 원피스와 구두를 신은 은발의
할머니가 운영하고 있는 이 카페는 달콤하고 말랑말랑한
스콘과 차가 아주 그만이다. 살살 녹는 쿠키와 크림,
스콘과 딸기잼, 블루베리잼, 약간의 과일로 구성된
디저트 세트에는 행복도 함께 서브된다.

🅐 231 East 5th St.(between 2nd Ave. &
Cooper Sq.) NY
📞 212-677-7722 🕐 11시~21시(화~일)

## 다이너 Diner

브로드웨이에 있는 다이너는 날마다 바뀌는 스페셜 메뉴를
테이블 위에 깔아놓은 종이에 적으며 주문을 받는다. 음식을
주문한 후에는, 테이블 위에 놓인 종이에 이런저런 낙서를
할 수도 있다. 뉴욕에 살고 있는 친구들 현수와 동윤을
처음 만난 곳이기도 하다. 너무 낡아서 허물어질 듯 위태로운
단층 건물에 자리잡고 있고, 역시 특별할 것 없는 간이
테이블이 몇 개 놓였을 뿐 내부는 평범하지만 편안하게
식사를 즐기기에 적당하다. 점심 시간에는 워낙 손님이 많아
일찍 가지 않으면 빈 자리가 거의 없다.

🅐 85 Broadway Brooklyn NY 11211 📞 718-486-3077
🕐 11시~14시(런치타임) 🌐 http://www.dinernyc.com

## 파나 2 Panna 2

오색찬란한 전구들로 가득한 건물 안에 있는 여러 인도 레스토랑 중 하나. 한 건물에 다닥다닥 붙어
있는 탓에, 웨이터 복장을 한 인디안 청년들이 서로 다른 입구로 손님들을 끄느라 정신이 없다.
파나 2는 굉장히 작지만 촌스럽고 유치한 조명은 누군가가 손수 애써서 장식한 것 같고, 좁아서
불편한 공간은 마치 텐트 안에서 랜턴을 키고 노는 듯한 매력이 있다. 음식 가격은 뉴욕이라는 걸 믿을
수 없을 만큼 싸고, 심지어 맥주나 와인을 가져가서 마실 수도 있다. '치킨 티카 맛살라Chicken Tikka
Masala'와 '비프 마드라스Beef Madras' 등은 맵게 해달라고 부탁하면 속이 쓰릴 만큼 맵게 해준다.

🅐 93 1st Ave.(between 5th & 6th St.) NY 📞 212-598-4610 🕐 정오~자정 🌐 http://www.panna2.com

**컵케이크 카페** Cupcake Cafe

화려한 꽃 장식을 한 작은 케이크들이 가득한 '컵케이크 카페'의 진열장은 보기만 해도 흐뭇해진다.
컵케이크 카페는 39번가와 18번가 두 군데에 있는데, 39번가의 카페는 사람이 많지 않고 조용해서 책
을 읽기 좋고, 주말에는 근처에 맨해튼에서 가장 큰 벼룩시장이 열려서 시장 구경한 다음에
쉬어가기에 편하다. 18번가의 카페는 동화책 서점 '북스 오브 원더'와 공간을 나눠 쓰고 있어서,
그림책도 보고 케이크도 먹고 즐겁게 시간 보내기에 좋다.
🏠 18 West 18th St.(between 5th & 6th Ave.) NY 10011 ☎ 212-465-1530
🕐 9시~20시(월~토), 9시~19시(일) 🌐 http://www.cupcakecafe-nyc.com

**베이비케이크** Babycakes

뉴욕에 도착한 첫날, 동행한 친구의 생일이라 오차드
거리의 베이비케이크에서 처음으로 컵케이크를 사보았다.
손때 묻은 하얀 가게 문을 열면, 매장 분위기에 맞게
귀여운 옷차림을 한 직원들이 손님을 맞이한다. 이곳의
컵케이크는 그리 달지 않으며 선물용이라고 말하면
정성스레 포장을 해준다.
🏠 248 Broom St. NY ☎ 212-677-5047
🕐 10시~20시(일 · 월), 10시~22시(화~목), 10시~23시(금 · 토)
🌐 http://www.babycakesnyc.com

**빌리스 베리커리** Billys Bakery

유기농 컵케이크를 비롯해 다양한 종류의 빵을 판매한다. 맛도 좋지만, 이곳은 공간과 사람들이
만들어내는 풍경이 좀더 기억에 남는 곳이다. 달랑 두 개 놓인 분홍색 테이블, 사랑스러운 소품들,
알록달록한 파스텔 톤의 컵케이크들, 주문을 하기 위해 줄을 서 있는 사람들, 카페 앞 벤치에 앉아
컵케이크를 하나씩 물고 수다를 떠는 여자들, 빵을 사서 나올 주인을 기다리는 강아지,
한 손에 컵케이크를 들고 나오는 중년 아저씨 등과 함께 했던 푸근한 시간.
🏠 184 9th Ave.(between 21st & 22nd St.) ☎ 212-647-9956
🕐 8시 30분~13시(월~목), 8시 30분~자정(금 · 토), 9시~22시(일) 🌐 http://www.billysbakerynyc.com

**마카롱** Macaron

매끈하기만 한 뉴욕의 미드타운, 그 중에서도 가장 조용한 36번가 골목에 들어선 마카롱 카페. 진열장을 가득 채운 알록달록한 마카롱은 보기만 해도 기분이 좋아진다. 테이블은 겨우 두 개밖에 없지만, 커피와 샌드위치도 맛있어서 점심시간엔 사람들이 많이 찾는다. 영어가 서툰 프랑스 아저씨가 직접 마카롱을 구워내고, 아저씨보다 아주 조금 영어를 잘하는 프랑스 부인이 주문과 계산을 도와준다.

🅐 161 West 36th St. NY 🆃 212-564-3525
🅗 7시 30분~19시 🆄 http://macaroncafe.com

# Favorite SHOP

### 주멜 Jumelle

제품을 한데 모아놓은 백화점이나 마트엔 나름의 편리함이 있지만, 가끔은 주인이 취향과 콘셉트에 맞춰 셀렉트한 옷이나 물건을 판매하는 소규모 편집매장에 가는 것도 좋다. 길을 걷다가 창 너머로 보이는 플라워 패턴의 벽면, 프랑스 브랜드 벵시몽의 붉은색 스니커즈에 반해 들어간 부티크샵 주멜은 신중하게 엄선해온 물건을 보는 재미가 있는 곳이다. 2평 남짓한 공간에 이자벨 마랑, A.P.C 등의 유럽 브랜드나 디자이너 컬렉션의 의류, 액세서리, 상큼한 노트 등을 판매하며, 온라인샵도 운영한다.

🅰 148 Bedford Ave. Brooklyn NY 11211 📞 718-388-9525
🅷 1시~19시 30분(월), 정오~19시 30분(화~토), 정오~19시(일) 🅤 http://www.shopjumelle.com

### 스푼빌 앤 슈가타운 Spoonbill and Sugartown

베드포드 거리에서 가장 정겨운 공간인 스푼빌 앤 슈가타운 서점은 양질의 예술 서적들로 가득하다. 소장하고 싶은 디자인, 미술, 인테리어 관련 책과 잡지들이 손때 묻은 책장을 빈 틈 없이 채우고 있으며, 서점 안 가장 깊숙한 공간에는 몰스킨 등 심플하고 다양한 문구잡화 코너도 있다. 입구 주변에는 공짜에 가까울 정도로 저렴한 가격을 내건 헌 책들이 사람들의 손길을 기다린다. 이곳에서 책을 사면 사람들은 으레 근처의 노천 카페로 향한다. 커피를 마시며 방금 산 책을 훑어보는 여유가 좋다.

🅰 88 North 11th St. Brooklyn NY 11211 📞 718-387-7322
🅷 10시~22시 🅤 http://www.spoonbillbooks.com

### 비콘스 클로짓 Beacons Closet

빈티지 스타일을 좋아한다면 꼭 가봐야 할 대형 빈티지 샵. 워낙 유명하기도 하지만, 드넓은 창고 같은 건물에 들어서면 특유의 먼지 냄새와 함께 끝없이 등장하는 엄청난 옷과 물건에 놀라지 않을 수 없다. 의류는 대부분 컬러 별로 구분되어 있으며, 특히 한쪽 벽면은 신발로 가득하다.

🅰 88 North 11th St. Brooklyn NY 11211
📞 718-486-0816
🅷 12시~21시(월~금), 11시~20시(토 · 일)
🅤 http://www.beaconscloset.com

## KCDC

맨해튼이건, 베드포드 거리건 스케이트 보드를 타고 오가는 소년들은 어디에서나 흔히 볼 수 있다. KCDC는 바로 그런 보드 애용자들을 위한 전문 상점으로, 비콘스 클로짓 바로 옆에 있어서 찾기도 편하다. 이곳에선 보드 관련 제품을 파는 것은 물론, 다양한 이벤트와 파티, 전시 행사를 하기도 하는데 간혹 운이 좋으면 보드를 사랑하는 소년들이 흥겹게 노는 모습을 지켜볼 수도 있다. 매장 한편에는 스케이트 보드를 탈 수 있는 공간이 있는데, 대부분 소년들의 차지다.
🅐 90 North 11th St.(between Berry & Wythe St.) Brooklyn NY 11211 🅣 718-387-9006
🅗 정오~20시 🅤 http://www.kcdcskateshop.com

**캣버드** Catbird
영국 브랜드 올라 켈리의 가방과 파우치 등을 비롯한 아기자기한 액세서리, 주얼리 제품을 판매하는 샵. 올라 켈리 특유의 컬러를 좋아하는 사람에겐 무척 반가운 곳이다. 가게 자체도 워낙 작아서 마치 누군가의 드레스 룸 같은 분위기가 마음을 편하게 해준다. 브룩클린의 메트로폴리탄 거리에 의류만 중점적으로 판매하는 자매샵도 운영 중이다.
🅐 219 Bedford Ave.(between 4th & 5th St.) Brooklyn NY
🅣 718-599-3457 🅗 정오~20시
🅤 http://www.catbirdnyc.com

**어반 아웃피터스** Urban Outfitters
매력적인 디스플레이, 남다른 감식안으로 골라놓은 의류와 소품으로 가득한 멀티샵. 매장마다 분위기가 조금씩 다른데, 뉴욕에서는 이스트 빌리지 지점의 윈도우 디스플레이와 제품들이 가장 눈에 띈다. 시즌이 갓 지난 상품들은 세일 코너에서 저렴하게 구입할 수 있고, 계단에는 어디서 이런 것들을 구해왔나 싶을 정도로 희귀한 책들이 차곡차곡 쌓여 있다.
🅐 162 2nd Ave. New York 🅣 212-375-1277 🅤 http://www.urbn.com

**앤트로폴로지** Anthropologie

빈티지, 에스닉 스타일의 인테리어 소품부터 의류, 액세서리까지 없는 게 없는 멀티샵. 어반 아웃피터스가 10~20대 취향이라면 같은 계열 사인 앤트로폴로지는 20~40대까지 다양한 연령층을 대상으로 한다. 록펠러 프라자 근처의 매장이 가장 크고 물건도 다양한 편이다.

🄰 375 West Broadway New York
🄣 212-343-7070
🅄 http://www.anthropologie.com

**A.P.C. 아울렛** A.P.C. Surplus

베드포드에서 켄트 스트리트로 가다 보면, 강이 나타나고 사람이 거의 보이지 않을 정도로 한적한 공장지대가 나온다. 길을 잘못 들어선 것 같다는 확신이 들 즈음이면, 전혀 예상하지 못한 지점에서 A.P.C.아울렛 매장과 마주치게 된다. 그만큼 선뜻 찾아가기엔 위치가 부담스럽지만, 이 브랜드를 좋아한다면 모험을 해볼 만하다. 지난 시즌 상품을 50퍼센트 할인된 가격으로 판매한다.

🄰 33 Grand St.(between Kent & Wythe Ave.) Brooklyn NY 11211 🄣 347-381-3193
🄷 13시~19시(수~일), 월·화 휴무

**영 디자이너스 마켓** Young Designers Market

매주 주말 노리타의 멀버리 스트리트에 가면 디자이너스 마켓이 열린다. 마치 홍대 주변의 벼룩시장 같은 분위기의 이 시장은 커다란 실내 농구장에서 열리며, 젊은 디자이너들이 직접 만든 액세서리, 구제 소품 및 의류, 발랄한 티셔츠 등을 판매한다. 젊은이들이 주로 찾으며, 왁자지껄한 분위기가 흥겨워서 그냥 구경하는 것만으로도 충분히 즐겁다.

🄰 268 Mulberry St. New York 🄣 212-580-8995 🄷 11시~19시(토·일)
🅄 http://themarketnyc.com

**샘플 세일**

데일리 캔디http://www.dailycandy.com와 뉴욕 매거진http://nymag.com 사이트에 들어가면
매주 샘플 세일 정보를 얻을 수 있다. 둘 다 매우 유용한 정보들이 많아 샘플 세일 외에도
핫 플레이스 등 다양한 유행 정보를 얻을 수 있다. 뉴욕에 가기 전 이런 사이트들을 둘러보면
의외로 실속 있는 쇼핑을 할 수 있다.

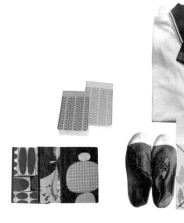

# Favorite MUSEUM

**모마 MOMA** The Museum of Modern Art

'뉴욕' 하면 으레 함께 떠오르는 단어 중 하나인 '모마 미술관'은 전시관 외에 서점, 카페, 가든, 디자인 샵 등으로 구성되어 있는 드넓은 곳이다. 규모만큼이나 사람들도 많다. 특히, 무료 입장을 실시하는 금요일 오후부터는 작품을 제대로 감상할 수 있을지 걱정될 정도로 인파로 가득하다. 모마를 둘러본 후 잠시 쉬고 싶다면 건물 안쪽에 있는 작은 정원에 들르는 것도 좋다. 고층건물들 이 빼곡히 들어서 하늘을 가리는 5번가에 자리잡은 미술관이 품고 있는 작은 정원, 띄엄띄엄 앉 아 있는 사람들 사이로 들어서면 세계 각국의 언어로 속삭이는 소리가 들린다.

🅐 11 West 53 St.(between 5th & 6th Ave.) New York ☎ 212-708-9400
🅗 10시~17시 45분(토~화 · 목), 10시 30분~20시 15분(금), 수요일 휴무 🅤 http://moma.org

**P.S1 MOMA** P.S.1 Contemporary Art Center

퀸즈의 폐교된 공립학교를 개조해 만든 모마의 부속 미술관. 주로 젊고 실험적인 전시가 열린다. 모마에서 택시를 타고 다리를 건너면 금방인 퀸즈는 맨해튼과 분위기가 사뭇 다르다. 크고 낡은 건물은 그래피티들이 점령했으며, 인적 드문 거리에 간간히 나타나는 사람들의 표정은 흐린 초겨 울 날씨처럼 무뚝뚝하다. P.S.1은 그런 퀸즈와 무리 없이 하나로 어울리는 공간이다. 기존의 학교 건물을 사용했기 때문이기도 하지만, 내부도 교실과 복도 등 학교 시절의 형태를 그대로 유지하 고 있어 전체적인 인상은 낡은 것의 창조적인 리터치로 갈무리된다. 이곳에 전시된 작품들의 실 험적인 성격 또한 공간과 잘 어울린다. 모마 입장권이 있으면 한 달 이내에 무료 입장이 가능하 며, 모마와는 비교도 안 될 정도로 한산하다. 맨해튼을 벗어나면 뉴욕은 한없이 넓어진다.

🅐 22-25 Jackson Ave. at the intersection of 46th Ave. Long Island City NY 11101
☎ 718-784-2084 🅗 정오~18시 🅤 http://www.ps1.org

**구겐하임 미술관** Guggenheim Museum

지하철을 타고 어퍼 웨스트에서 내려 센트럴 파크를 가로 질러 어퍼 이스트로 가다 보면 달팽이
화분 같은 거대한 건물이 보인다. 프랭크 로이드 라이트가 설계한 그 건물, 구겐하임 미술관이다.
보자마자 기시감을 느낄 정도로 숱하게 들어온 구겐하임 미술관은 가까이서 보면 마치 거대하고
하얀 우주선 같다. 컬렉션 공개나 전시 일정은 홈페이지를 통해 먼저 확인하고 가면 편하다.

🅰 1071 5th Ave.(at 89th St.) New York ☎ 212-423-3500
🅷 10시~17시 45분(금·일~수), 10시~19시 45분(토), 목요일 휴무
🆄 http://www.guggenheim.org/new-york

**뉴 뮤지엄** New Museum of Contemporary Art

명품매장과 쇼핑객, 관광객들로 가득한 소호와 그리 멀지 않은 보워리 거리에 들어선 뉴 뮤지엄은
상자 몇 개를 대충 얹어 놓은 듯한 외관과 무지개 빛의 'HELL, YES!' 사인 때문에 멀리서도 한눈에
들어온다. 뉴 뮤지엄은 현재 뉴욕에서 가장 독보적인 존재감을 가진 곳으로, 너무 상업적이거나, 너무
실험적이거나 이런 수사는 이곳엔 둘 다 맞지 않는 것 같다. 주로 젊은 작가들의 작품 전시를 많이
하는데, 뭔가에 치우치거나 불균형하다는 느낌이 없다. 로비에서 거대한 연두색 엘리베이터를 타고
7층에 내리면, 온통 하얀 공간에 역시 흰색 종이로 만든 스툴이 그림자처럼 놓여 있는 스카이 룸이
나타난다. 확 트인 유리창 너머로는 노리타의 높은 하늘과 뉴욕 전경이 펼쳐진다. 뉴 뮤지엄의 압권,
스카이 룸은 주말에만 오픈된다.

🅰 235 Bowery New York ☎ 212-219-1222
🅷 정오~18시(수·토·일), 정오~21시(목·금), 월·화요일 휴무 🆄 http://www.newmuseum.org

**아페츄어 파운데이션** Aperture Foundation

광활하고 거친 건물들이 즐비한 첼시 공장지대 거리에는 곳곳에 갤러리들이 들어서 있다. 이 거리의 건물은 어떤 곳이건, 문을 열고 들어가면 다른 세상이 나타난다. 사진 갤러리 아페츄어 파운데이션은 세계적인 사진 전문 출판사인 아페츄어에서 운영하는 곳이다. 전시 외에도 다양하고 신선한 사진 책들을 구비해놓고 있어서 편리하다. 과월호 잡지는 정가의 절반, 일반 서적은 30퍼센트 정도 할인된 가격으로 구입할 수 있으니 관심 있는 책은 눈여겨볼 것.

🅰 547 West 27th St. 4th floor New York
🆃 212-505-5555 🆄 10시~18시(월~토)
🆄 http://www.aperture.org

 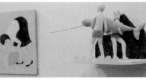 

**신더스 갤러리** Cinders Gallery

베드포드 스트리트에서 그랜드 스트리트를 따라 부슬부슬 내리는 비를 맞으며 걷다가 발견한 미니 갤러리. 맨해튼에서 L트레인을 타고 베드포드 다음 역인 로리머Lorimer 역에 내리면 금방 찾을 수 있는 신더스 갤러리는 몸집처럼 작은 작품 전시를 많이 하는 모양이다. 내가 갔을 때는 맞춤하게도 앨리슨 멜버그Allyson Mellberg의 〈Do Little〉 전시를 하고 있어서 즐겁게 둘러본 기억이 있다. 데스크 옆 코너에서는 젊은 작가들의 실험적인 작품과 작품집을 30달러 선에서 판매한다.

🅰 103 Havemeyer St.(between Hope & Grand St.) Brooklyn NY 11211 🆃 718-388-2311
🆄 13시~19시(수~일) 🆄 http://www.cindersgallery.com

**스맥 멜론** Smack Mellon

제2의 소호라고 불리며 현대미술의 요지로 꼽히는 덤보 지역은 아티스트들이 모여 들기 시작하면서 형성된 곳이다. 예술가들의 작업실과 갤러리가 많이 들어서 있는 덤보 거리는 맨해튼과 브룩클린이 적당히 믹스된 인상이다. 스맥 멜론 갤러리는 브룩클린 브리지 파크 바로 앞, 대형 창고 건물 1층에 자리잡고 있다. 금방이라도 꺼질 듯 삐걱거리는 계단, 괴이한 냄새 사이에서 갈피를 못 잡고 서 있노라면 멜론의 연두색 사인이 들어오라고 손짓을 해주는 것 같다. 재능 있는 작가들에게 스튜디오를 제공하는 프로그램을 운영하고 있다는데, 그 창고 안에 작가들에게 빌려주는 작업실이 있는지도 모르겠다.

🅰 92 Plymouth St. Brooklyn New York 🆃 718-834-8761 🅷 정오~18시(수~일)
🆄 http://www.smackmellon.org

# Favorite BOOKSTORE

**파워하우스 북스** Powerhouse Books

맨해튼 브리지 아래 덤보 메인 스트리트에 있는 파워하우스 북스는 각종 예술 서적은 물론, 세계 여러 나라의 디자이너 제품들도 함께 판매한다. 천장고가 높고, 넓은 매장에서는 항상 전시가 열린다. 넓은 공간에 섬처럼 띄엄띄엄 놓여 있는 제품들을 구경하다 보면, 작은 계단이 하나 나온다. 그 계단을 올라가면 이곳을 운영하는 파워하우스 출판사의 사무실을 볼 수 있는데, 오픈되어 있는 사무실 풍경은 이 서점만의 색다른 볼거리라고 할 수 있다.

🅐 37 Main St. Brooklyn New York 🅣 718-666-3049 🅗 10시~19시(월~금), 11시~19시(토 · 일)
🅤 http://www.powerhousebooks.com

**프린티드 매터** Printed Matter, Inc.

핑크빛 로고가 매력적인 작은 서점 프린티드 매터는 갖추고 있는 책들의 면면이 외관보다 훨씬 매력적인 곳이다. 일반 서점에서는 보기 힘든 현재 활동 중인 아티스트들의 도록, 작품집 등 독특한 책으로 가득하다. 파워하우스 북스처럼 안쪽 구석에는 출판사 직원들이 일을 하는 작은 공간도 함께 있다.

🅐 195 10th Ave.(between 21st & 22nd St.)
New York 🅣 212-925-0325
🅗 11시~18시(화 · 수), 11시~19시(목~토), 일 · 월요일
휴무 🅤 http://printedmatter.org

**자이언트 로봇** Giant Robot

동양의 팝 문화를 다루는 매거진 『자이언트 로봇』의 갤러리 및 아트샵. 이곳에선 비주류 아티스트들의 만화, 일러스트 모음집, 캐릭터 상품과 피규어 등 다양한 책과 물건들을 볼 수 있다. 눈에 띄는 독특한 로고, 위트가 넘치는 이름까지 하나부터 열까지 신선한 매력이 있는 곳이다.

🅐 437 East 9th St.(between 1st Ave. & Ave. A) New York 🅣 212-674-4769
🅗 11시 30분~20시(월~토), 정오~19시(일) 🅤 http://www.grny.net

**스카이라인 북스** Skyline Books

뉴욕 18번가에 있는 중고서점. '스트랜드 북스토어Strand Bookstore'처럼 이름난 곳은 아니지만,
운이 좋으면 의외의 보물을 발견할 수 있는 곳이다. 사람들이 드나드는 것에 무심한 주인 아저씨는
계산대에 앉아서 들어오는 이에게 잠깐 눈인사를 할 뿐 손님이 뭘 하건 상관하지 않고, 아저씨의
고양이는 책장 사이에서 꾸벅꾸벅 졸거나 몸을 폈다 말았다 하면서 서점을 돌아다닌다. 책이 워낙
두서 없이 쌓여 있지만 내키는 대로 책을 뽑다 보면 재미있는 책들을 꽤 많이 찾을 수 있다.
1940년대의 잡지부터 미국 청소년들이라면 누구나 읽었을 고전 탐정물 「하디 보이스Hardy Boys」
등등 이것저것 발견하는 재미가 있다.
🅰 13 West 18th St. New York NY 10011 ☎ 212-759-5463
🄷 11시~18시(월~토), 11시~15시(일) 🅄 http://www.skylinebooks.com

**북스 오브 원더** Books Of Wonder

스카이라인 북스 건너편에 있는 북스 오브 원더는 동화책 전문이라 늘 아이들이 옹기종기 모여
앉아 책을 읽는 모습을 볼 수 있다. 동화책을 보며 저희들끼리 마냥 재미있게 노는 아이들과
기발하고 귀여운 상상으로 가득한 동화책을 보고 있으면 고민이나 걱정 같은 건 잠깐 잊게 된다.
그래서인지 이곳에서 조용히 시간을 보내는 사람들이 많다. 종종 작가와의 만남이나 사인회가
열리기도 하는데, 실제로 「Flotsam」를 그린 데이빗 와이즈너David Wiesner나 「Where the Wild
Things Are」의 모리스 센닥Maurice Sendak 등의 작가들이 직접 사인한 책들을 볼 수 있다.
🅰 18 West 18th St. New York NY 10011 ☎ 212-989-3270 🄷 10시~20시(월~토), 11시~19시(일)
🄷 http://www.booksofwonder.com

# Favorite PLAY

**스케치 나잇** Sketch Night

뉴욕에 장기간 머무를 계획이라면 누드 크로키를 배우는 것도 재미있다. 매주 화요일 또는 목요일
저녁, 일러스트레이터 협회에서 여는 스케치 나잇은 누드 크로키에 익숙하지 않은 사람들도
색다른 경험을 즐길 수 있는 곳이다. 프로그램이 열리는 어퍼 이스트의 일러스트레이터 협회 3층에
도착하면 부드러운 조명과 오래된 나무 벽면으로 둘러싸인 공간에는 이젤과 드로잉 책상이
가득하고, 한 켠에선 재즈 뮤지션들이 악기를 매만지고 있다. 모델들이 중앙에 마련된 조그마한
무대에 올라서서 포즈를 잡으면, 이와 함께 뮤지션들의 연주가 시작된다. 참여한 사람들은 경쾌하고
부드러운 재즈 선율에 휩싸여 가벼운 기분으로 그림을 그릴 수 있다. 쉬는 시간에는 이야기를
나누며 칵테일 바에서 애플마티니를 마신다. 뉴욕의 밤, 뭔가 색다른 경험을 하고 싶다면
누드 크로키와 재즈와 칵테일의 조합도 제법 괜찮을 듯.
U http://societyillustrators.org

**드로어손** Draw-A-Thon

기괴한 포즈와 소품으로 무장한 여러 명의 모델들이 미술관에서, 건물 옥상에서, 넓은 작업공간에서
그림처럼 서 있는 사진들로 가득한 드로어손의 웹사이트를 보면 알 수 있지만 진부한 포즈로는
신선한 그림을 그릴 수 없다는 게 이들의 마인드이며, 4~8시간 동안 진행되는 프로그램에서도
어떤 형태로든 원하는 대로 작업할 수 있다. 드로어손이 열리는 마이클 앨런Michael Alan의
스튜디오에 가면 모델들이 둥둥거리는 일렉트로닉 비트에 맞춰 신나게 움직이는 걸 볼 수 있다.
모델들의 몸짓과 포즈가 굉장히 인상적인데, 그들은 스스로를 모델이라기보다는 행위예술가라고
부른다. 스케치 나잇이 업타운스럽다면, 드로어손은 다운타운스럽다. 부드럽고 흥겨운 재즈와
달콤한 칵테일의 조화도 사랑스럽고, 파격적이고 실험적인 젊은 예술가들의 모습도 멋지다.
U http://draw-a-thon.wetpaint.com/

### 코니 아일랜드 Coney Island

19세기에 만들어진 코니 아일랜드는 한때 100만 명 이상의 사람들이 방문하던 대형 유원지였지만, 지금은 그림처럼 조용하고 평화로운 곳이다. 브룩클린 끝자락에 있어 맨해튼 쪽에서 가려면 지하철을 타고 한 시간 정도 걸리는데, 지하철에서 빠져나와 바라본 바다가 주는 감동은 무척 인상적이다. 바다와 모래사장 옆으로 산책하기 좋게 나무 데크가 해변 끝까지 이어져 있고, 근처에는 정감이 가는 요란하고 촌스러운 놀이기구들과 초등학교 앞 문구점 같은 낡고 오래된 가게들이 와글와글 모여 있다. 가게마다 손으로 무심하게 그려놓은 간판을 내걸고 유원지에 있을 법한 온갖 간식거리를 파는데 알록달록하고 산만하기 짝이 없지만 유쾌하고 재미있다. 비닐봉지에 꾹꾹 눌러 담긴 파스텔 컬러의 솜사탕들이 천장 가득 매달려 있고, 색이 바랜 옥수수와 밀크셰이크 모형들, 낡디 낡은 맥주와 소다음료의 사인들이 여기저기 붙어 있다. 이 모든 풍경들은 할리우드 고전 흑백영화의 장면들에 색만 입힌 것 같아 익숙하면서도 생경하고, 어디서 본 듯하면서 새롭다. 무언가가 변하지 않고 그대로 멈춰 있다는 건 이상한 감동을 준다. 이것이 뉴욕에 속하면서 뉴욕의 세련됨과는 가장 거리가 먼 이곳이 센트럴 파크 이상으로 사람들의 사랑을 받는 이유일 듯. 지나온 길이 한결같이 그 자리에 있기 바라는 사람들의 마음이란 다 비슷하지 않을까 싶다.

U http://www.coneyisland.com

# Favorite **CAFE**

**그레이하운드** Greyhound

시암 센터 1층에 있는 카페 그레이 하운드. 연하늘, 연핑크, 브라운, 화이트 등 몇 가지의 색으로 세련된 분위기를 만들어내는 감각에 시선을 빼앗겼다. 커피 한 잔과 더불어 신선한 자극을 주는 곳.
🅐 2nd Floor, Emporium Shopping Center Bangkok 🆃 02-664-8663 🅗 11시~22시

**페이스 바** Face Bar

태국 전통 가옥을 모던하게 재구성한 건물에 중국 음식 전문 '페이스 바Face Bar', 인도 음식 전문 '하자라Hazara', 타이 음식 전문 '란나 타이Lan Na Thai' 등 3개의 레스토랑과 카페 '비자주Visage'가 들어서 있다. 거리 음식도 재미있지만 방콕의 고급 레스토랑도 경험해보고 싶을 때 가면 적당하다. 세련된 분위기와 정갈한 맛이 훌륭하다.
🅐 Soi 38, Sukhumvit Rd, Bangkok 🆃 02-713-6048 🆄 http://www.facebars.com

**코이** Koi

일식 레스토랑 겸 바 '코이'가 뉴욕과 L.A.에 이어 방콕에도 문을 열었다. 늦은 저녁 시간에 찾은 코이의 리셉션 코너는 정원의 푸른 숲, 레드와 블랙의 선명한 대비로 마음가짐까지 조용하게 가라앉혀준다.
🅐 26 Sukhumvit 20, Sukhumvit Rd, Bangkok 🆃 02-258-1590 🅗 18시~자정(화~일)
🆄 http://www.koirestaurant.com

## 레몬그라스 Lemongrass

태국의 전통가옥을 재현한 듯한 인테리어가 푸근한 태국 퓨전 음식점. 런치 타임이 끝날 무렵에 가면 사람이 거의 없어서 작은 정원의 나무 사이로 빨간 문을 바라보며 한가로이 식사를 즐길 수 있다. 치킨 커리와 아이스 레몬그라스의 맛은 잊을 수 없을 정도로 훌륭하다.

🏠 Soi 24 5/1 Sukhumvit, Bangkok ☎ 02-258-8637

## 하이 티 High Tea

하얀 나무 판에 검정색으로 찻잔이 그려진 하이 티의 간판을 보면 절로 발길을 멈추게 된다. 방콕에선 유난히 차를 마실 일이 많아서 없던 흥미도 생기기 때문이다. 하이 티에서 레몬그라스를 마시고, 근처에 있는 꽃집과 가든을 산책하면 향긋하고 상쾌한 기분이 신기할 정도로 오래 지속된다. 랑수안 로드를 걷다 보면 쉽게 찾을 수 있다.

**방콕의 가볼 만한 티룸**

에라완 티룸 Erawan Tearoom
http://www.erawanbangkok.com/tearoom.php
차바코 Chabaco  http://www.chabaco.com
아갈리코 Agalico  http://www.chabaco.com

# Favorite **SHOP**

## H1

트렌디한 문화공간과 카페 등이 많은 통로Thongo 거리
에 자리잡은 H1은 디자인 전문 서점, 인테리어 소품, 의
류점, 바, 레스토랑 등이 모여 있는 멀티샵이다. 훌륭한
안목으로 세계 각지에서 골라온 책과 가구, 소품 등은
마치 거대한 디자인 상품 컬렉션과도 같다. 심플한 화
이트로 마감한 입구를 지나면 잠시 쉬어갈 수 있는 테
라스가 있어서 여유롭게 둘러볼 수 있다.

🏠 998/3 Sukhumvit 55(Thonglo) Watthana, Bangkok
☎ 02-381-4714

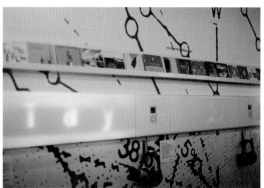

## 플레이그라운드 Playground-the inspiration store

H1과 같은 거리에 있는 멀티샵 플레이그라운드는 방콕에 가면 꼭 가보라고 추천해주고 싶은 곳
이다. 건물 전체가 일관된 콘셉트로 꾸며져 있고, 아트 북 서점, 개성 있는 아이디어 제품들, 음
반, 도서, 인테리어 용품, 문구, 패션까지 다양한 아이템을 갖추고 있다.

🏠 818 Soi Sukhumvit 55 Sukhumvit Rd, Bangkok
☎ 02-714-7888 🌐 http://www.playgroundstore.co.th

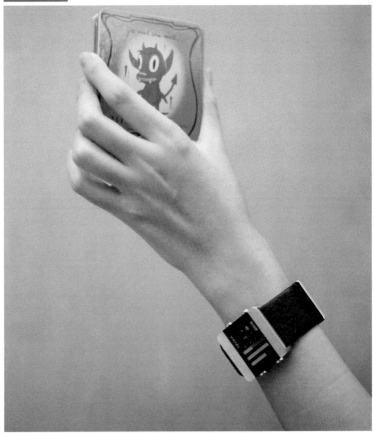

위 한정판 '힌트민트'의 케이스는 아티스트 그레이 베이스먼Gray Baseman의 작품
아래 시간을 읽는 방법을 새롭게 재해석한 누카 시계 http://www.nooka.com

생활하면서 사용하는 물건들의 기능은 심플하다. 가위, 스카치 테이프, 필기구, 메모장, 시계, 카메라 등 물건의 기능은 한 마디로 설명이 가능하다. 하지만 그 기능을 어떤 식으로 표현하는가는 백이면 백 다른 방식이 가능하다. 그게 디자인의 힘이요 즐거움이자, 재미이다. 디자인 도시 방콕에서의 쇼핑이 언제나 새로운 이유다.

플레이 그라운드 1층 서점 코너에서 발견한 잡지 〈oom〉.
테마와 편집 디자인이 흥미롭다 http://www.oommagazine.com

H1 디자인 전문 서점 '바시어 그래픽 아트 북
Barsheer-Graphic Art Book' 에서 구입한 책들

# Favorite HOTEL

**드림 방콕** Dream Bangkok

오래된 호텔을 리노베이션한 호텔 드림 방콕은 이 도시에서 가장 핫한 곳으로 손꼽힌다. 조명, 로고, 가구, 룸은 물론 성냥갑까지 화이트와 블루로 정리된 드림 방콕은 그야말로 톤과 매너가 완벽하게 조율된 디자인 현장을 보는 것 같다.
한쪽 벽이 수조인 2층의 레스토랑 '플라바Flava'의 화장실 인테리어는 한 번 보면 잊을 수 없을 정도로 독특하다.
🅐10 Sukhumvit Soi 15, Klongtoey Nua, Wattana, Bangkok ☎ 02-254-8500
🆄 http://www.dreambkk.com

**데이비스 방콕** Davis Bangkok

질 좋은 앤티크 원목 가구들로 채워진 깔끔한 호텔. 주변 거리도 호텔과 마찬가지로 고즈넉하고 깨끗해서 아침 산책을 하기에 좋다. 산책을 마친 후엔 9층에 있는 수영장에서 오전 수영을 즐기는 것도 괜찮다. 사람이 거의 없는 공중의 수영장은 유난히 울림이 크고, 조용하다.
🅐 88 Sukhumvit 24, Klongteoy, Bangkok ☎02-260-8000
🆄 http://www.davisbangkok.net

Thanks to
기우치 미우, 정지혜, 한백희, 조현유, 이동윤.
'여행의 순간' 들을 함께 나눠준 친구들에게 감사한다.

# 여행의 순간
느린 걸음으로 나선 먼 산책
ⓒ 윤경희 2009

1판 1쇄 2009년 7월 10일
1판 3쇄 2010년 8월 9일

글·사진 윤경희
펴낸이 정민영
기획 고미영 주상아
책임편집 주상아
디자인 이현정
마케팅 이숙재
제작처 영신사

펴낸곳 (주)아트북스
출판등록 2001년 5월 18일 제406-2003-057호
브랜드 앨리스
주소 413-756 경기도 파주시 교하읍 문발리 파주출판도시 513-8
대표전화 031-955-8888
문의전화 031-955-7977(편집부) | 031-955-3578(마케팅)
팩스 031-955-8855
전자우편 alice_book@naver.com

ISBN 978-89-6196-034-2 03980

앨리스는 (주)아트북스의 출판 브랜드입니다.
이 책은 저작권법에 보호받는 저작물이므로 무단 전재와 무단 복제를 금합니다.
책의 내용을 이용하려면 반드시 저작권자와 (주)아트북스의 서면 동의를 받아야 합니다.

이 도서의 국립중앙도서관 출판시도서목록(CIP)은 e-CIP 홈페이지(http://www.nl.go.kr/ecip)에서
이용하실 수 있습니다. (CIP 제어번호: CIP 2009001862)